2084

JAMES LAWRENCE POWELL

2084

UMA FICÇÃO BASEADA EM
FATOS REAIS SOBRE
**O AQUECIMENTO GLOBAL
E O FUTURO DA TERRA**

SEXTANTE

Título original: *The 2084 Report*

Copyright © 2011, 2020 por James Lawrence Powell
Copyright da tradução © 2022 por GMT Editores Ltda.

Publicado mediante acordo com Atria Books, uma divisão da Simon & Schuster, Inc.

Todos os direitos reservados. Nenhuma parte deste livro pode ser utilizada ou reproduzida sob quaisquer meios existentes sem autorização por escrito dos editores.

tradução: Paulo Afonso
preparo de originais: Sílvia Correr | Ab Aeterno
revisão: Luis Américo Costa e Tereza da Rocha
diagramação: Natali Nabekura
capa: Laywan Kwan
adaptação de capa: Miriam Lerner | Equatorium Design
imagens de capa: C. Fredrickson Photography/ Getty Images (montanhas); AlenKadr/ Shutterstock (pôr do sol)
impressão e acabamento: Cromosete Gráfica e Editora Ltda.

CIP-BRASIL. CATALOGAÇÃO NA PUBLICAÇÃO
SINDICATO NACIONAL DOS EDITORES DE LIVROS, RJ

P895d

Powell, James
    2084 / James Powell ; [tradução Paulo Afonso]. - 1. ed. - Rio de Janeiro : Sextante, 2022.
    240 p. ; 21 cm.

    Tradução de: The 2084 report
    ISBN 978-65-5564-428-9

    1. Aquecimento global. 2. Mudanças climáticas. 3. Homem - Efeito do clima. 4. Proteção ambiental. I. Afonso, Paulo. II. Título.

22-78360   CDD: 363.7
                                                             CDU: 502.14

Meri Gleice Rodrigues de Souza - Bibliotecária - CRB-7/6439

Todos os direitos reservados, no Brasil, por
GMT Editores Ltda.
Rua Voluntários da Pátria, 45 – Gr. 1.404 – Botafogo
22270-000 – Rio de Janeiro – RJ
Tel.: (21) 2538-4100 – Fax: (21) 2286-9244
E-mail: atendimento@sextante.com.br
www.sextante.com.br

SUMÁRIO

Prefácio   9
O cientista do clima   12

PARTE 1 – SECAS E INCÊNDIOS
Marrocos na Suíça   18
A decadência de Phoenix   26
Incêndio na estufa   31
Seca na Austrália   38
O outro lado do paraíso   50

PARTE 2 – INUNDAÇÕES
Uma cidade magnífica   60
A triste história de Miami   68
Bangladesh: a geografia como destino   74
Adeus, Nova Orleans   79
Três gargantas   85

PARTE 3 – ELEVAÇÃO DO NÍVEL DO MAR
A pérola do Mediterrâneo   92
Uma área condenada I   96
Uma área condenada II   102

Tuvalu   109
A queda de Roterdã   113

PARTE 4 – GELO
Uma frágil contradição   122
Gelo temporário   127
Nanuk   132

PARTE 5 – GUERRA
A guerra dos quatro dias   138
A guerra do Indo   145
A guerra do Canadá   154
O Nilo azul se torna vermelho   165

PARTE 6 – FASCISMO E MIGRAÇÃO
Os Estados Unidos em primeiro lugar   174
Cercas ruins, vizinhos ruins   181

PARTE 7 – SAÚDE
O século da morte   188
Morte com dignidade   193

PARTE 8 – ESPÉCIES
O gambá-de-rabo-anelado-verde   200

PARTE 9 – UMA SAÍDA
   Olhem para a Suécia I   216
   Olhem para a Suécia II   225

Palavra final   237
Sobre o autor   239

PREFÁCIO

Dizem que os escritores, em sua maioria, escrevem para si mesmos, esperando que seus livros se transformem em best-sellers. Mas hoje em dia, no fim de 2084, é impossível que um livro, por mais importante e bem escrito que seja, venda cópias em número suficiente para ser considerado um best-seller. Os grandes vendedores de livros dependem totalmente da internet, que, como o restante de nossa infraestrutura, vem se tornando cada vez menos confiável e menos segura – e com certeza não sobreviverá ao final do século. Quase todas as lojas físicas que no passado sustentavam as vendas foram há muito tempo removidas do mercado pelas lojas on-line.

Por que então escrevi este livro, sabendo que será lido principalmente por meus amigos e familiares? Porque sou um historiador oral. Meu trabalho é documentar eventos significativos da história humana usando as palavras daqueles que os vivenciaram. Com isso, proporcionamos a matéria-prima para que outros historiadores as sintetizem e generalizem. Claro que também escrevo porque gosto – e escrever ainda é um prazer possível. E não preciso de computadores, da internet ou da chamada "nuvem", mas tão somente de lápis e papel.

O mestre dessa abordagem e meu modelo é o grande historiador oral do século XX Studs Terkel. Dois de seus livros, *The Good War: An Oral History of World War II* (A guerra boa: uma história oral da Segunda Guerra Mundial) e *Hard Times: An Oral History of the Great Depression* (Tempos difíceis: uma história oral da Grande Depressão), captaram os efeitos dessas calamidades – como nenhum outro livro o fez – sobre americanos de todas as classes. Eu os reli diversas vezes durante toda a minha carreira e eles nunca deixaram de me inspirar.

Studs viajava para entrevistar pessoas de todos os tipos, em fazendas e fábricas, em cidades e vilarejos, de aposentados a jovens, de indivíduos de grande destaque a homens e mulheres comuns. Como no caso dele, quase todos os meus entrevistados são pessoas comuns, embora eu também tenha incluído alguns líderes e especialistas. Para este livro, entrevistei cerca de cem pessoas – o que é um número exagerado – e acabei selecionando as entrevistas que melhor ilustram a maneira como enchentes, secas, guerras, fome, doenças e migrações em massa provocadas pelas mudanças climáticas afetam a humanidade.

Sinto uma afinidade especial com Studs Terkel por ter nascido em 2012, exatamente cem anos após o nascimento dele. Em 1912, o aquecimento global era apenas um conceito teórico. Alguns cientistas achavam que poderia se transformar em realidade, mas dispunham de poucas informações para considerá-lo perigoso. Além disso, acreditavam, compreensivelmente, que um mundo mais quente seria melhor para a humanidade. No ano de meu nascimento, um século mais tarde, já não havia qualquer dúvida de que o aquecimento global era um fato, que era causado pelos seres humanos e representava um perigo real para a nossa espécie. Todavia, em função de uma campanha financiada pelas grandes empresas petrolíferas da época, metade da população e muitos políticos optaram pela negação, colocando ideologias e mentiras acima do futuro de seus netos.

Ao longo do livro, mantive minha participação em nível mínimo, destacando em itálico minhas perguntas e deixando que meus entrevistados falassem à vontade, como Studs fazia. Para tornar a leitura mais fácil, agrupei os capítulos por tópicos, de modo um tanto arbitrário, já que muitas regiões são atingidas por mais de um efeito do aquecimento global. Exceto em situações devidamente indicadas, usei nas entrevistas um telefone via satélite.

Lexington, Kentucky
31 de dezembro de 2084

O CIENTISTA DO CLIMA

Conversarei hoje com o Dr. Robert Madsen III, que, assim como seu pai e seu avô, é um cientista do clima.

Dr. Madsen, tenho uma pergunta que muitas pessoas se sentem compelidas a fazer.

Todos nós tentamos entender por que, nas primeiras décadas deste século, antes que o tempo se esgotasse, as pessoas não agiram para, pelo menos, desacelerar o avanço do aquecimento global. Teria sido porque não havia indícios suficientes, porque os cientistas não conseguiam chegar a um acordo, porque havia alguma teoria melhor para explicar o óbvio processo de aquecimento em curso ou por algum outro motivo? A geração de nossos avós com certeza deve ter tido uma boa razão para permitir que isso ocorresse. Que razão foi essa?

Bem, posso lhe assegurar que este não será o capítulo mais longo de seu livro, pois a resposta é curta e simples: eles não tinham uma boa razão.

Já na virada do século, os indícios de aquecimento global provocados pela atividade humana eram esmagadores e foram se acumulando até se tornarem inegáveis para qualquer pessoa racional – ou melhor, para qualquer um que usasse a razão como guia. Um amigo meu, formado em Direito, me perguntou certa vez se o aquecimento global era corroborado por provas concretas ou "além da dúvida razoável", o critério mais elevado em um caso criminal. Respondi que o aquecimento global estava, sim, além de qualquer dúvida razoável e era tão evidente quanto qualquer teoria científica.

Se alguém retornasse ao passado e julgasse a opinião coletiva dos cientistas com base no que publicavam nos periódicos, essa pessoa descobriria que, por volta de 2020, 100% deles concordavam que a atividade humana era a causa do aquecimento global. Não se trata de um arredondamento ou de um número que tirei do nada, mas de uma análise de aproximadamente 20 mil artigos, avaliados por outros cientistas e publicados naquele período.

Por mais difícil que seja imaginar isso, os negacionistas do aquecimento global não tinham qualquer teoria para explicar as evidências. Seria até compreensível se nas décadas de 2010 ou 2020 as pessoas tivessem permitido a destruição de nosso mundo por terem apostado na teoria errada. Mas não havia qualquer teoria alternativa. As temperaturas subiam, os incêndios florestais se multiplicavam em todos os continentes, o nível do mar aumentava cada vez mais, as tempestades se tornavam mais devastadoras e assim por diante. Aqueles que negavam a responsabilidade humana não tinham a menor curiosidade a respeito do que *estava* agravando os eventos climáticos; mas já haviam decidido sobre o que *não estava*: os combustíveis fósseis.

Tudo bem, isso é claro e simples. Mas até os negacionistas sem teorias precisariam de uma alternativa para explicar os dados que convenciam os cientistas. Como tentaram fazer isso?

Durante algum tempo, disseram que o aquecimento global era uma fraude, que os cientistas haviam falsificado os dados. Aqueles que negam a ciência sempre acabam alegando conspiração, pois a única alternativa seria admitir que os cientistas estão certos.

Se o senhor vivesse naqueles dias, como responderia a quem alegasse que atribuir o aquecimento global à atividade humana era uma conspiração?

Bem, eu teria conclamado essas pessoas a fazerem a si mesmas algumas perguntas simples. Como a conspiração fora organizada? Aqueles 20 mil artigos tinham sido escritos por aproximadamente 60 mil autores de diversos países mundo afora. Como os conspiracionistas teriam feito esse esquema funcionar? Precisariam ter usado e-mails. Só que, na primeira década, alguém vazou uma montanha de e-mails enviados por proeminentes cientistas do clima e nenhuma das mensagens ofereceu qualquer indício de conspiração.

Por que nenhum conspirador foi descoberto, escreveu memórias relatando a conspiração ou fez uma confissão em seu leito de morte? E, para início de conversa, por que os cientistas teriam conspirado? Nos Estados Unidos, a resposta dos negacionistas seria "porque eram liberais". Entretanto, mais da metade dos ensaios científicos provinha de países onde esse rótulo não fazia sentido.

Mas, claro, na década de 2010 os negacionistas não faziam a si mesmos esse tipo de pergunta. Para eles, a falácia do aquecimento global era tão óbvia que o motivo que levou os cientistas a inventarem essa mentira já não tinha importância.

Na década de 2020, mentiras começaram a substituir a verdade não só na área científica como em muitas outras. As pessoas prefeririam aceitar uma mentira que respaldasse suas crenças a enfrentar uma verdade que as destruísse. Isso permitiu que países como Austrália, Brasil, Rússia e Estados Unidos elegessem negacionistas para liderá-los.

Mesmo no início dos anos 2020, o aumento do aquecimento poderia ter sido limitado a 3°C. Mas os países nem tentaram fazer isso. Quando finalmente fizeram, mesmo um aumento como 4°C já não era opção. Não sabemos quantos graus a temperatura do planeta ainda poderá aumentar. É estranho: nós, humanos, nos orgulhamos de ser regidos pela razão, mas, mesmo com a nossa civilização em risco, escolhemos a ideologia e a ignorância.

Se as pessoas achavam que os cientistas eram tão desonestos a ponto de forjarem o aquecimento global, devem ter achado difícil acreditar nos cientistas em relação a outros assuntos. Tal atitude teve algum efeito no status da própria ciência?

Meu avô, que era cientista, foi a inspiração para que eu também me tornasse cientista. Ele me contou como, no final da década de 2010, negacionistas da ciência ocuparam a Casa Branca e as mais altas hierarquias de todas as agências governamentais. Cortaram, então, os financiamentos destinados a pesquisas não só sobre o clima como também sobre todas as áreas que tinham algo a ver com meio ambiente, espécies ameaçadas, poluição industrial e por aí vai. A Agência de Proteção Ambiental e a Fundação Nacional da Ciência não sobreviveram à década de 2020; os financiamentos federais destinados às ciências caíram aos níveis daqueles da década de 1950. Vovô dizia que, para ele e seus colegas, parecia que o termo "ciência" havia se tornado um palavrão.

  Os cientistas da época, que em sua maioria dependiam de subvenções governamentais, tiveram de abandonar seus programas de pesquisas. Grandes universidades sofreram cortes de um quarto a um terço de seus subsídios. Uma das primeiras coisas que fizeram foi reduzir a verba dos departamentos de ciências e demitir professores. Não vendo futuro na área científica, os alunos optaram por estudar outras matérias. As matrículas nos departamentos de ciências minguaram, o que justificou a eliminação de novos cursos e a demissão de mais professores.

Publicações científicas, cujo principal público era a comunidade acadêmica, também foram vitimadas à medida que o volume de pesquisas despencava e o financiamento às bibliotecas universitárias escasseava até desaparecer. Sem financiamento a pesquisas e sem publicações, muitas sociedades científicas também tiveram que fechar as portas.

Encontrei na biblioteca do meu avô um volume bastante manuseado com o seguinte título: *O fim da História e o último homem*. Talvez não estejamos ainda no fim da ciência, mas podemos vê-lo se aproximando.

PARTE 1
SECAS E INCÊNDIOS

MARROCOS NA SUÍÇA

Christiane Mercier é correspondente do jornal francês Le Monde *e escreve sobre aquecimento global. Nesta entrevista ela me falou sobre a situação de diferentes locais da Europa. Nossa primeira conversa ocorreu na estação de esqui de Zermatt, na Suíça.*

Fiz esta viagem para avaliar o que o aquecimento global tem provocado em diversos locais da Europa. Estou no coração do antigo setor de turismo suíço, onde a prática de esqui não é mais possível. Zermatt já teve pistas de esqui de categoria mundial e uma vista fabulosa do Matterhorn. Enquanto observo ao redor, não vejo neve em lugar nenhum, nem mesmo no topo do Matterhorn.

A fim de me preparar para esta entrevista, fiz algumas pesquisas sobre a história do aquecimento global nos Alpes. Os sinais eram sinistros já no final do século XX. Naqueles dias, a linha de neve descia até 3.030 metros. Mas no verão extremamente quente de 2003, por exemplo, a quantidade de neve acumulada no topo recuou, deixando a montanha visível, sem neve, até uma altura de 4.600 metros – elevação maior que a do Matterhorn e quase tão alta quanto o topo do Mont Blanc, o pico mais alto a oeste do Cáucaso. O *permafrost* (solo constituído por terra, gelo e rochas) que segurava as rochas e o solo no Matterhorn derreteu, enviando detritos montanha abaixo. Ainda é possível ver pilhas de entulho ao redor e dentro dos chalés e restaurantes abandonados.

Eu poderia fazer um relatório idêntico em Davos, Gstaad, St. Moritz ou em qualquer das estações de esqui antigamente famosas da Suíça, França e Itália. Os Alpes não têm neve e gelo permanentes desde a década de 2040. Pelo que sei, as encostas de esquiagem das montanhas Rochosas, nos Estados Unidos, tiveram o mesmo destino.

Meteorologistas nos disseram que o clima no sul da Europa hoje é similar ao da Argélia e do Marrocos no início do século XXI. Em termos de temperatura e precipitação pluvial, o sul da Europa é agora um deserto e os Alpes estão a caminho de se parecerem com os montes Atlas daqueles tempos.

Algumas semanas depois, a Sra. Mercier estava em Nerja, na Costa do Sol espanhola, antigo abrigo de expatriados e visitantes sazonais que fugiam do frio inverno da Alemanha e do Reino Unido.

Olhando para o sul, no litoral de Nerja, vejo à minha frente o vasto e azul Mediterrâneo. Olhando para o norte, o que vejo é um mar de condomínios abandonados, milhares, dezenas de milhares – um número inacreditável – de casas arruinadas se esfarelando. Não é difícil entender por quê: os campos estão ressecados, mortos. Às duas da tarde, diante das ruínas do Hotel Balcón, na costa de Nerja, a temperatura é de 51°C e não sinto nenhuma brisa. Parece que sou a única pessoa por aqui e não pretendo permanecer por muito tempo.

A caminho de Nerja, partindo de Córdoba e Granada, observei os restos calcinados de dezenas de milhares de oliveiras, a monocultura que antes dominava o sul da Espanha. Quando a região ficou mais quente, as oliveiras secaram, tornando-se mais suscetíveis a incêndios e doenças. Atualmente, o cultivo de oliveiras se transferiu da Espanha e da Itália para a França, a Alemanha e até para a Inglaterra.

De Nerja, a Sra. Mercier viajou para Gibraltar.

Tive grande dificuldade para encontrar transporte de ida e volta. E a viagem que antes durava meio dia agora dura quatro. Guardando a entrada e a saída do Mediterrâneo, Gibraltar era uma das joias da coroa do Império Britânico. Mas no outro lado do mar, distante apenas alguns quilômetros, estava o Marrocos. Uma proximidade que tornava Gibraltar a meca natural para migrantes climáticos.

Enquanto fazia minhas pesquisas para a viagem, descobri um relato da década de 2010 segundo o qual a migração para a União Europeia já tinha aumentado em função do crescente calor, das secas cada vez mais numerosas e da desordem social resultante. Um dos estudos previa que o número anual de migrantes naquela década, em torno de 350 mil, dobraria por volta de 2100. Mas esse estudo, como muitos naquele período, independentemente do tópico, projetava o futuro com base no passado; e o passado não era um bom guia numa época em que já havia um "novo normal" a cada um ou dois anos. Tais projeções quase nunca levavam em consideração o aquecimento global e seus efeitos. Agora ninguém mais sabe quantos migrantes conseguiram chegar à Europa provenientes da África, do Oriente Médio e do que costumávamos chamar de Europa Oriental, mas, com certeza, o número deve estar na casa das centenas de milhões, talvez meio bilhão. E eles continuam a chegar.

Por volta de 2050, havia tantos migrantes em Gibraltar que o Reino Unido anunciou que estava cedendo o território ao país que havia tanto tempo o reivindicava. A Espanha fez então esforços tímidos para governar Gibraltar. Mas quando as usinas de dessalinização – das quais o país dependia para obter água potável – pararam de funcionar, a Espanha não teve condições de substituí-las. Em 2065, o país acabou desistindo e declarou

Gibraltar uma cidade aberta, que desde então vem sendo chamada por seu nome original: Jabal Ṭāriq, a Montanha de Tariq.

Para mim logo ficou claro que Gibraltar se tornou um centro de contrabando e outras atividades criminosas. Ir até lá é arriscar a vida. Tive que entrar na cidade disfarçada de homem e acompanhada por mercenários armados. Não fiquei por muito tempo, mas o bastante para verificar que, quando algumas pessoas dizem que o aquecimento global trará problemas assombrosos, elas não estão muito longe da verdade.

Quando conversei novamente com a Sra. Mercier, ela já tinha se deslocado para a província espanhola de Múrcia, na costa mediterrânea da Espanha.

Em Jabal Ṭāriq, aluguei um barco que me levou a Múrcia, na direção nordeste, parando em lugares que meu capitão considerava seguros. Se alguém visitasse Múrcia nos primeiros anos do século, passaria por campo cheios de alface e estufas com tomates. Teria visto novas casas de férias e condomínios brotando por toda parte. A caminho da praia, seria difícil não passar por algum verdejante campo de golfe. Em uma terra tão seca, de onde a Espanha obtinha água para tudo isso?

Como o senhor sabe pelos meus relatórios, antes de visitar uma área *je fais mon travail* – eu faço meu trabalho –, isto é, estudo a história de uma cidade ou de um país a fim de entender o que estou vendo. Múrcia é um caso clássico de como as pessoas e os governos são impotentes quando se trata de impedir que as pessoas arruínem seus bens comuns – e suas vidas – movidas pelo interesse próprio.

Múrcia sempre foi seca, mas a falta de chuvas nunca impediu as pessoas de se comportarem como se o suprimento de água fosse inesgotável. Se a água não caía do céu, as pessoas a encontravam no subsolo ou a traziam de distantes áreas nevadas. Na virada do século, elas se recusavam a acreditar que chegaria o dia em que nenhuma dessas estratégias funcionaria.

Até o final do século passado, os agricultores de Múrcia cultivavam figos, tâmaras e, onde havia água suficiente, limões e outras frutas cítricas. Depois o governo providenciou que mais água fosse transferida de províncias menos secas, o que permitiu aos agricultores o cultivo de lavouras sequiosas, como alface, tomate e morango. As imobiliárias iniciaram então uma febre de construções e cada prédio novo tinha que ter a própria piscina. Os turistas, por sua vez, precisavam de mais casas de veraneio e condomínios, além de campos de golfe em número suficiente para que não tivessem que esperar sua vez. Manter os campos de golfe sempre verdejantes exigia diariamente milhares de litros de água. Alguém certa vez calculou que uma única ronda de um golfista consumia 11 mil litros de água. Hoje, o golfe seguiu o caminho do hóquei, do esqui e de outros esportes.

Se as autoridades espanholas tivessem levado a sério o aquecimento global e estudado os registros das temperaturas de Múrcia, poderiam ter sido mais cautelosas. Durante o século XX, o aquecimento na Espanha foi duas vezes maior que o da Terra em geral, o que reduziu a precipitação pluviométrica. Os cientistas previram que o índice cairia mais 20% até 2020 e 40% por volta de 2070. As previsões se revelaram exatas, embora na época ninguém tivesse prestado atenção. Quando as províncias do norte tiveram que interromper a transferência de água, os agricultores de Múrcia e outras cidades começaram a bombear água do subsolo, levando o lençol freático a diminuir acentuadamente, o que gerou um mercado negro de água, extraída de poços ilegais. Logo os aquíferos ficaram tão profundos que as bombas já não conseguiam trazer água até a superfície. Escândalos vieram à tona quando funcionários corruptos foram flagrados exigindo pagamentos para autorizar construções em áreas onde não havia água. Estranhamente, pessoas crédulas na Grã-Bretanha e na Alemanha continuaram a comprar casas de veraneio na Espanha. Ao chegarem ao novo imóvel ou condomínio, abriam a torneira e verificavam que nada jorrava. Então procuravam alguém que pudesse ser processado. Mas descobriam que uma cláusula do contrato, grafada em letras minúsculas, oferecia aos construtores e ao governo uma escapatória caso um desastre natural provocasse falta de água. Aquecimento global é desastre *natural*? Por favor, não me faça rir.

Quando a água secou, os agricultores voltaram a cultivar figos e tâmaras. Mas à medida que o século avançava e as previsões dos cientistas se mostravam corretas – ou, com mais frequência, conservadoras –, até mesmo essas lavouras de regiões desérticas deixaram de ser economicamente viáveis na Espanha. Na década de 2050, a agricultura desapareceu de Múrcia. Condomínios e casas de veraneio permaneciam vazias. Atualmente, exceto pelas construções abandonadas, Múrcia já não se distingue do deserto norte-africano de um século atrás.

Quando volto a conversar com a Sra. Mercier, ela já está em sua casa em Paris.

Ao voltar para casa, passei pelo vale do Loire, uma região que produzia alguns dos mais incríveis vinhos do mundo: Chinon, Muscadet, Pouilly-Fumé, Sancerre, Vouvray e outros. Todas as vinhas desapareceram. Ocorre que, com a elevação das temperaturas, as uvas amadurecem mais cedo, o que aumenta seu nível de açúcar e reduz sua acidez. Uvas assim produzem um vinho mais rústico, com maior teor alcoólico. Se as temperaturas tivessem aumentado só 1°C ou 2°C – se tivéssemos permanecido abaixo do ponto de ruptura dos níveis de dióxido de carbono –, o Vouvray poderia não ter o mesmo gosto, mas ainda seria bebível. Algum conhecedor poderia até reconhecê-lo como alguma variação do Vouvray. Mas a temperatura subiu 5°C. As castas viníferas já não crescem no vale do Loire e a vinicultura lá, como no restante da França, está morta. Se alguém hoje quiser vinho, terá que ir até o antigo Reino Unido ou a Escandinávia.

Neste momento estou à sombra do Arco do Triunfo, no meio da tarde de 1º de julho de 2084. Ainda bem que estou à sombra, pois a temperatura é de 46°C. Permanecer sob o sol neste calor por mais de alguns minutos é a garantia de um infarto. Olhando ao redor, vejo um punhado de veículos em movimento. Há poucas pessoas na rua. Mesmo à noite, é quente demais para que alguém fique ao relento, pois é quando Paris libera o calor que seu aço e seu concreto absorveram durante o dia. A Cidade-Luz se transformou, como muitas outras, na Cidade do Calor e seus cafés nas calçadas são apenas uma lembrança.

De Paris, nossa repórter viaja para Calais, no canal da Mancha.

O caminho até aqui foi tão difícil que quase desisti e retornei a Paris. Não vai demorar para que seja impossível fazer uma viagem dessas em segurança. Assim como Gibraltar tem sido o ponto de entrada natural dos africanos que se deslocam para a Europa tentando escapar do calor mortífero, Calais, a 32 quilômetros de Dover, no outro lado do canal, tem sido o ponto de saída natural dos que tentam alcançar o clima mais fresco do antigo Reino Unido. Na década de 2020, os britânicos tentaram reduzir a imigração, tanto a legal quanto a ilegal. Por algum tempo conseguiram, mas no final da década de 2030 o número de imigrantes ilegais que chegavam ao seu território começou a crescer e assim tem continuado. A principal função de Calais é atender a essa imigração ilegal. Assim como vi poucos espanhóis no sul da

Espanha, quase todos os que vejo e com quem converso em Calais não são franceses nem britânicos, mas árabes, africanos, sírios e eslavos. A única coisa que têm em comum parece ser o fato de terem vindo de outro lugar e estarem determinados a alcançar as brancas colinas de Dover. Alguns migrantes tentam atravessar o canal a nado, mas poucos sobrevivem à tentativa. O tumulto aqui me lembra uma cena que vi em um antigo cinejornal, que mostrava o caos durante a Queda de Paris à medida que os alemães se aproximavam da cidade e os parisienses se dispersavam em todas as direções.

No porto de Calais vejo a reconstituição de outra cena da Segunda Guerra Mundial: a Força Expedicionária Britânica fugindo de Dunquerque em centenas de barcos de todos os tipos. A água agora está repleta de embarcações díspares, ocupadas até os conveses por indivíduos que se deslocam rumo à terra prometida, a Inglaterra, onde contrabandistas de pessoas os aguardam – ou pelo menos é o que eles esperam.

Pensei em comprar uma passagem também e enviar meu relatório da Inglaterra. Mas me sinto tremendamente derrotada e deprimida com o que tenho visto. *Je me rends.*

A DECADÊNCIA DE PHOENIX

Nascido e criado em Phoenix, Steve Thompson é um engenheiro hidráulico de 72 anos que trabalhou no Projeto do Arizona Central. Antes da Guerra Canadense-Americana, ele se mudou para Saskatchewan e se tornou cidadão canadense.
Steve, quando sua família chegou ao Arizona?

Meus bisavós se mudaram para Phoenix logo após a Segunda Guerra Mundial, juntamente com outras famílias de ex-militares – todos vinham em busca do sonho americano. E de modo geral o encontraram.

Ao longo da segunda metade do século passado e durante algum tempo neste século, a demanda por moradias em Phoenix manteve a explosão imobiliária em crescimento acelerado. As pessoas aproveitavam a vida boa e se esqueciam de que estavam vivendo em um deserto, cujo índice anual de precipitação pluviométrica era de apenas 200 milímetros.

A maioria dos moradores não imaginava de onde vinha a água que saía de suas torneiras. Podiam ter ouvido falar de alguma coisa chamada Projeto do Arizona Central, que trazia água do lago Mead, no baixo rio Colorado, para a cidade de Phoenix. Mas onde o rio Colorado obtinha sua água? Nos campos de neve das encostas a oeste das montanhas Rochosas, a centenas de quilômetros de distância. Se houvesse alguma alteração na época do degelo ou na quantidade de neve que caía nas Rochosas, Phoenix se veria em sérios apuros. Mas ninguém se preocupava com isso.

Na virada do século, as autoridades encarregadas do planejamento para o Arizona Central achavam que a população aumentaria para aproximadamente 7 milhões de pessoas por volta de 2050. Em retrospecto, foi uma suposição ridícula. Quando meus bisavós vieram para cá, em 1950, a cidade de Phoenix propriamente dita tinha apenas cerca de 100 mil habitantes. No ano em que nasci, 2012, estava com 1,6 milhão. Agora está voltando no tempo, aproximando-se dos 100 mil habitantes de novo. E até isso pode ser muito.

Até a década de 2020, tudo parecia estar melhorando em Phoenix. A cidade vinha ficando mais quente a cada ano, mas todos os prédios tinham ar-condicionado; assim, simplesmente permanecíamos em recintos fechados durante o auge do verão. Nunca pensamos de fato a respeito do que faríamos se faltasse energia e não pudéssemos ligar nossos condicionadores de ar quando quiséssemos. Não pensamos que, se as águas do rio Colorado baixassem em função do aquecimento global, conforme previam os cientistas do clima, haveria menos água para mover as turbinas das represas Hoover e Glen Canyon e, com isso, menos energia elétrica. Logo, se tivéssemos uma seca realmente rigorosa, também teríamos falta de energia elétrica.

Quando o senhor percebeu que as coisas haviam mudado?

Acho que posso dizer até a hora, pois é a lembrança mais vívida de minha vida. Foi em 2027, numa manhã quente de verão, quando minha mãe atendeu a batidas na porta e se deparou com dois homens, ambos de uniforme. Um deles tinha um revólver Smith & Wesson .38 pendurado na cintura; o outro segurava uma caixa de ferramentas. Aquela pistola me causou uma grande impressão. Os dois homens usavam distintivos do departamento de águas da cidade. Como parte de um programa abrangente, vinham instalar uma válvula acionada por controle remoto que limitaria o consumo diário de água de minha família a 284 litros por pessoa. Quando alcançássemos esse limite, a válvula se fecharia e não receberíamos mais água até 00h01 do dia seguinte. É claro que o departamento de águas, os jornais e a TV já haviam anunciado que o racionamento estava a caminho, mas o impacto da medida só atingiu nossa família quando aqueles dois homens apareceram à nossa porta.

Se o racionamento diário de 284 litros por pessoa não promovesse economia suficiente, o departamento de águas poderia reprogramar remotamente as válvulas para um limite menor. Qualquer um podia ver o que estava para acontecer. A penalidade para quem adulterasse as válvulas seria uma multa e uma quota ainda mais reduzida. Caso repetisse o delito, o dono da casa seria condenado a dois anos de prisão sem chance de redução da pena por bom comportamento. Para que ninguém deixasse de entender a mensagem, painéis eletrônicos distribuídos pela cidade exibiriam os infratores sendo conduzidos pela polícia.

A limitação do consumo *per capita* de água a 284 litros por dia – ou menos, caso o departamento de águas decidisse reduzir a quantidade –, quando apenas duas décadas antes um morador de Phoenix consumia mais de 757 litros diariamente, significava que teríamos que mudar bastante o modo como vivíamos. As famílias precisariam pensar no planejamento do uso da água do mesmo jeito que planejavam seu orçamento doméstico. Só que com uma grande diferença: em caso de necessidade, uma família poderia pegar dinheiro emprestado ou fazer compras com um cartão de crédito; mas ninguém em Phoenix emprestaria ou venderia sua água, nem mesmo por dinheiro vivo.

Equipamos então nossas casas com descargas econômicas nos vasos sanitários, torneiras que só liberavam água durante alguns segundos e banheiras, pois ninguém mais tomava banho de chuveiro. De qualquer forma, ter um chuveiro em casa havia se tornado ilegal. Tomávamos banho de banheira uma vez por semana, como faziam nossos antepassados. Também usávamos água cinza (água de reúso) para dar descarga nas privadas. Alguns economizavam ainda mais usando penicos ou instalando latrinas externas.

Como as autoridades também haviam banido a irrigação de gramados, em pouco tempo não havia mais nenhum. Os inúmeros campos de golfe em torno de Phoenix foram fechados. Manter um gramado na propriedade era pedir uma visita da patrulha de águas. À medida que mais e mais pessoas abandonavam suas casas, os gramados simplesmente foram secando.

No entanto essas medidas de economia não funcionaram. O consumo de água de fato caiu, mas, mesmo na década de 2030, as pessoas continuaram a se mudar para cá, apesar dos alertas de que a água e a energia não seriam suficientes. Há sempre uma lacuna entre a percepção das pessoas e a realidade. Quando o consumo médio é cortado pela metade mas a população dobra, voltamos ao ponto de partida. Como não se pode forçar as pessoas a se mudarem, o que resta é racionar a água e ir reduzindo a quota.

Estar ao relento na metade do dia era arriscar a vida. Embora eu já tivesse ido embora na época, sei que Phoenix na década de 2040 era tão quente quanto fora o vale da Morte na década de 2000 – talvez até mais. A única coisa que se podia fazer era permanecer em locais fechados e, se fosse preciso sair, correr até o refúgio climatizado mais próximo. Mas ar-condicionado requer energia elétrica, e a falta de água reduziu a produção das hidrelétricas. Logo, a cidade começou a racionar eletricidade também. Na metade do dia, as ruas e calçadas de Phoenix ficavam praticamente vazias. Crianças e animais domésticos já não eram vistos fora de suas casas. Os idosos tinham os próprios problemas: para eles, o ar-condicionado era uma questão de sobrevivência. Aqueles que não tinham acesso a ambientes refrigerados ou não tinham como sair da cidade deram a Phoenix o título de detentora do maior índice de mortalidade de idosos dos Estados Unidos.

Todos os aspectos da vida no Arizona Central haviam mudado para pior. A época em que alguém poderia se aferrar à ilusão de que calor e secas eram parte de um ciclo natural que poderíamos suportar já terminara havia muito tempo. Mesmo ruins como estavam, as coisas ainda iriam piorar e permaneceriam ruins, sem nenhuma expectativa de melhoria. Para os americanos, sobretudo os do Sudoeste, berço do sonho americano, esse era um conceito novo.

Presenciei meus pais envelhecerem prematuramente ao perceberem que seus últimos anos não seriam a época agradável para a qual haviam feito planos e economizado. Qualquer um podia ver que a coisa mais inteligente a ser feita era sair do Arizona, mas, com milhares de casas novas vazias em áreas não totalmente urbanizadas e sem água, os preços das residências haviam despencado. Como meus pais não tinham condições de liquidar a hipoteca de nossa casa, não possuíam o capital nem o crédito para comprar uma casa nova em algum lugar mais fresco e úmido. De qualquer forma, nas cidades que atendiam a essas características, a procura elevara os preços das moradias a um patamar inalcançável. Jovens casais dispostos a correr riscos muitas vezes simplesmente deixavam para trás seus lares e hipotecas, sem sequer se darem o trabalho de trancar as portas, pois sabiam que jamais voltariam. Para os idosos, porém, ir embora não era opção. Para mim era. Assim, em 2032 despedi-me tristemente de meus pais e rumei para o Canadá.

INCÊNDIO NA ESTUFA

Marta Soares, uma antropóloga brasileira, foi a última diretora da Fundação Nacional do Índio (FUNAI), cuja missão é proteger os interesses e a cultura indígenas. Ao lado da Sra. Soares está Megaron Txucarramãe, um indígena brasileiro, o último sobrevivente do povo metuktire, uma das subdivisões do povo caiapó. Comecei entrevistando Megaron, com a Sra. Soares servindo de intérprete; depois entrevistei diretamente a Sra. Soares.

Sra. Soares, por favor, apresente seu amigo.

Como estamos conversando por telefone e você não pode vê-lo, devo dizer que Megaron Txucarramãe está usando o cocar característico dos caiapós, confeccionado com penas de araracanga e japu-verde. Megaron quis usar essa relíquia de família em homenagem a esta entrevista. Ele disse que isso lhe dará ânimo para contar ao senhor a triste história de seu povo. Megaron vivenciou a destruição da floresta tropical amazônica e o trágico fim de um modo de vida que existiu durante milênios antes da chegada do homem branco. Ele viu a Amazônia deixar de ser um Jardim do Éden para se transformar em um leito de cinzas. Megaron testemunhou essa destruição.

Vivi muito tempo com Megaron e seu povo. Vou traduzir suas perguntas para a língua dele e as respostas dele para o senhor.

Megaron: Já sou um homem velho e meus dias estão contados. Dizem que sou o último membro vivo do povo metuktire e eu acredito, pois não vejo outro metuktire há anos. Eu sobrevivi aos meus filhos e até aos meus netos. Eles morreram de doenças do homem branco e alguns, eu acho, por terem perdido a esperança. Mas há uma coisa pior que viver mais do que nossos descendentes: é viver mais do que todos os membros de nossa aldeia – e até viver mais que a floresta, que foi nosso lar desde os tempos antigos.

Antes, nós, o povo da floresta, éramos tão numerosos quanto os pássaros. Agora, até os dias dos caiapós estão contados. A floresta verde que alimentou nosso povo desde o início dos tempos quase desapareceu e nós desapareceremos também. Nós não reconhecemos este mundo, e eu, pelo menos, não quero viver nele por muito mais tempo.

Eu nasci no ano de 1994, pelo calendário de vocês, e não vi nenhum homem branco até estar com 13 anos. Nós, os metuktires, decidimos há muitos anos evitar o contato com os brancos, pois nossos xamãs previam que eles trariam o mal para nós. Então nos separamos dos caiapós e nos retiramos para as profundezas da mata. Com exceção de alguns encontros casuais, nunca mais vimos nenhum homem ou mulher que não fosse de nossa aldeia. Mas no seu ano de 2007 só restavam 87 de nós. Muitos estavam velhos, e outros, doentes. Nossos anciãos podiam ver que os metuktires logo seriam poucos, que o fogo, as doenças, as tempestades ou a seca poderiam nos exterminar com facilidade. Eles decidiram então que nós não tínhamos escolha a não ser sair de nosso esconderijo na mata e nos juntarmos aos caiapós. Enviamos dois de nossos homens para falar com eles, e eles nos saudaram como irmãos há muito tempo perdidos. Tínhamos medo de encontrar muitas pessoas brancas, que só conhecíamos de ouvir falar, mas os caiapós nos protegeram e permitiram que apenas uma pequena equipe de médicos e enfermeiras nos examinasse. Eles estavam com medo de que pudéssemos contrair doenças do homem branco, já que havia muitas décadas não tínhamos contato com nenhuma outra sociedade. Alguns de nós ficaram doentes, mas ninguém morreu. Agora já me acostumei com a pele branca, mas naquela época foi um grande choque.

Quando o senhor começou a notar mudanças na floresta tropical ao seu redor?

Eu lembro que foi no verão, quando fiz 11 anos. Durante muitos anos nossa aldeia sentiu o cheiro da fumaça de incêndios, alguns provocados por raios, mas muitos acesos por colonos, que queimavam a floresta para plantar lavouras ou criar gado na terra. Todos os anos parecia haver mais fumaça e os incêndios chegavam mais perto. Mas naquele verão (Soares: foi em 2005, pelo nosso calendário) todo o céu ficou negro e permaneceu assim durante meses. Era difícil respirar e nós tossíamos constantemente. O sol só aparecia de vez em quando. A fumaça dava a impressão de que as profecias de nossos xamãs estavam se tornando realidade. Nós pensávamos: será que a floresta inteira pode queimar? Não sabíamos bem, mas já não parecia impossível. Embora os incêndios não tivessem chegado ao nosso território, sabíamos que poderiam chegar um dia. Se chegassem, não teríamos como escapar e não haveria outras pessoas para nos ajudar.

Como os xamãs tinham profetizado, os grandes incêndios foram só o início dos nossos problemas. A cada ano caía um pouco menos de chuva, ficava um pouco mais quente, mais um pedaço da mata queimava e menos árvores cresciam para ocupar o lugar das que haviam queimado. Não havia água suficiente para as plantações crescerem, e as que cresciam muitas vezes murchavam e morriam. Os rios começaram a secar e muitos ficaram rasos demais para os barcos. No início, víamos alguns peixes mortos flutuando, depois o rio encolheu e vimos muito mais peixes mortos. Às vezes toda a superfície do rio ficava coberta de peixes mortos, de uma margem a outra. Os rios continuaram a encolher até que não sobrou água para nossas canoas. O capim começou a crescer nos leitos dos rios, e nos lugares onde nossos barcos flutuaram ao longo de gerações agora podíamos caminhar.

Ouvi de alguns caiapós instruídos a explicação do motivo de aquilo ter acontecido, mas não entendi. De que forma o que as pessoas faziam em terras longínquas podia levar nossas florestas a queimarem? Eles diziam que era alguma coisa no ar que a gente não podia ver nem cheirar, um veneno que torna o ar mais quente e afasta as chuvas. Eu perguntei muitas vezes à Marta como aquilo podia acontecer e ela explicou com paciência, mas devo ser velho demais para entender. O que eu sei, por ter visto com meus olhos, pelas conversas com ela e com os caiapós que viajaram até longe, é que quase toda a mata queimou, levando junto a maior parte dos povos que viviam nela. Os metuktires, os caiapós, os ianomâmis – quase todos nós desaparecemos. Mas o que eu gostaria de descobrir antes de morrer é o que levou nossa mata a queimar.

Megaron, vou pedir à sua amiga Marta que responda à sua pergunta. Sra. Soares, quem queimou a Amazônia?

Soares: Devo confessar que, embora eu entenda a resposta, ainda acho difícil aceitar que algum poder na Terra tenha provocado a perda de quase toda a floresta tropical amazônica em menos de um século. Megaron poderá lhe dizer que as pessoas sempre souberam que a floresta amazônica poderia queimar – já estava sendo queimada quando ele ainda era menino. Ele quer saber por que ninguém impediu que os incêndios saíssem do controle. Ninguém se importou? Certa vez ouvi alguém usar a expressão "dançar à beira do caos". Foi o que o mundo fez na época, só que dançamos perto demais.

Podemos explicar a ciência do aquecimento global e como ele levou a floresta a queimar. Mas para mim, pelo menos, isso apenas torna a resposta mais dolorosa e o desfecho menos desculpável. Sabemos que o Homem queimou a floresta, que não foi um desastre natural. Era algo evitável. Como aqueles que deveriam liderar e proteger as nações, e que foram amplamente alertados, permitiram que a Amazônia e suas aldeias indígenas desaparecessem? Muitos daqueles povos preferiram nem tentar sobreviver em nosso mundo. Portanto destruímos o único mundo em que eles poderiam sobreviver.

Os indígenas da mata sempre praticaram a agricultura de corte e queima, mas, na segunda metade do século XX, fazendeiros e colonos que não o faziam adotaram o sistema. Entre 1970 e a virada do século, quase 700 mil quilômetros da floresta tropical foram queimados. Entre maio de 2000 e agosto de 2006, o Brasil perdeu em torno de 150 mil quilômetros quadrados de mata – uma área mais vasta que a Grécia. Na segunda metade deste século, agricultores e pecuaristas queimaram deliberadamente cerca de 25% da Amazônia inteira. E, apesar dos esforços dos conservacionistas, mais áreas de floresta foram queimadas a cada ano. Em termos mundiais, mesmo quando soubemos que o aquecimento global estava ocorrendo, que era perigoso e que as árvores poderiam absorver parte do mortífero dióxido de carbono, mais de 120 mil quilômetros quadrados de florestas tropicais estavam sendo destruídos a cada ano. Como se vê, acabaríamos queimando toda a floresta amazônica mesmo sem o aquecimento global. Parecíamos incapazes de agir, não só no interesse dos povos indígenas como em interesse próprio. Hoje sabemos quanto necessitávamos das florestas tropicais.

Eu era antropóloga, não cientista climática, mas aprendi com colegas que uma floresta tropical é vulnerável de diversas maneiras. Enquanto as copas de árvores com cerca de 30 a 40 metros de altura permanecem densas e proporcionando sombra, o solo florestal pode reter umidade; assim, a mata raramente se queima. Mas quando parte da floresta se incendeia, mais luz solar chega ao solo da área queimada e do perímetro ao redor. Isso resseca as folhas mortas, galhos e outros materiais que lá estão. Capim, bambus e outras plantas inflamáveis colonizam a área e aumentam a quantidade de material combustível, tornando mais provável que a área volte a queimar – dessa vez com mais intensidade, por mais tempo e em um perímetro maior. Assim, quando alguém queima uma parte da mata, torna outros incêndios mais prováveis, em um processo que é chamado de realimentação. Além disso, quando parte da floresta se queima, há menos vapor d'água e mais fumaça na atmosfera acima, dois fatores que reduzem as chuvas, o que leva outras áreas da floresta a secar e queimar. Esse ciclo vicioso é suficiente para levar uma pessoa a acreditar que existe mesmo um satanás.

Na virada do século, cientistas preconizaram que, por volta de 2100, a bacia amazônica iria esquentar entre 5°C e 8°C, e que o índice pluviométrico cairia em cerca de 20%. Mas o clima na Amazônia esquentou e secou muito mais rápido. Em 2030, 60% da mata havia desaparecido. Por volta de 2050, o índice foi de 80%. Hoje está em 95%. No espaço de mais uma ou duas décadas, toda a floresta tropical amazônica, com exceção de alguns trechos dispersos, terá sido queimada, acarretando o fim de todas as populações indígenas e de milhares de espécies animais. A Amazônia foi um dia o lar de uma em cada quatro ou cinco espécies de mamíferos, peixes, pássaros e árvores. Agora, muitas se foram, levando com elas ecossistemas inteiros. As matas de babaçu, no Maranhão, as florestas secas da província de Marañón, no Peru, e as florestas nubladas da Bolívia, com toda a sua fauna e flora, desapareceram para nunca mais voltar.

Antes de queimar, a Amazônia era tão vasta e verde que ajudava a controlar o clima de todo o planeta. Era uma imensa esponja aquecida que mantinha toneladas de dióxido de carbono fora da atmosfera. Dizem que a floresta tropical amazônica evaporava 8 trilhões de toneladas métricas de água todos os anos. Essa água era essencial para a formação de cúmulos, nuvens que liberavam as chuvas que sustentavam a floresta. Já nem me lembro quando vi uma dessas nuvens pela última vez. O que vemos agora é fumaça. A Amazônia era tão importante para o clima do mundo que os cientistas acreditam que sua perda acarretou menos chuva na América Central, no Meio-Oeste dos Estados Unidos e até em lugares tão distantes quanto a Índia.

A Amazônia continha uma enorme quantidade de carbono, que o desflorestamento e os incêndios devolveram à atmosfera. Segundo uma estimativa, a perda da floresta tropical amazônica elevou o carbono presente na atmosfera para 140 bilhões de toneladas, o que equivale a cerca de 15 anos de emissões pelos parâmetros do ano 2000.

Voltando à pergunta de Megaron, quem queimou a Amazônia?

Dizem que uma boa pergunta é metade da resposta. E a resposta é: foram aqueles que poderiam prevenir o aquecimento global mas permitiram que ele acontecesse. Não apenas os "líderes", mas também as pessoas que os elegeram – eles queimaram a Amazônia. Meu povo e o seu povo, não o povo de Megaron.

SECA NA AUSTRÁLIA

A Austrália foi um dos primeiros países a sentir os efeitos do aquecimento global e um dos primeiros a tomar providências. A Dra. Evonne Emerson ocupou a cátedra Kevin Rudd de História Australiana, na Universidade Nacional da Austrália, até seu fechamento, em 2055. Telefonei para a casa dela em Perth.

Dra. Emerson, a senhora tem profundas raízes na Austrália, certo?

Sim, os registros de nossa família revelam que dez gerações atrás, em 1855, meus ancestrais vieram da Inglaterra e aportaram em Portland. Começaram então a prospectar ouro nas jazidas de Victoria. Não encontraram muito ouro, mas construíram uma vida boa aqui na Austrália.

O aquecimento global constituiu uma séria ameaça a seu país, não é verdade?

Lembre-se de que a Austrália é, ao mesmo tempo, um continente, uma ilha e um país. Outros continentes têm seus desertos e secas, mas a Austrália os tinha em maior quantidade. É o continente mais seco, depois da Antártida, e aquele que, de longe, tem o menor índice de precipitação pluvial e a menor vazão fluvial média. Se alguém olhasse para um mapa de nossas zonas climáticas na virada do século, veria que metade da Austrália era, de fato, um deserto, e um quarto eram pradarias. Hoje as pradarias praticamente desapareceram, tomadas pelo deserto. Apenas ao longo da costa, sobretudo em Nova Gales do Sul, a Austrália dispunha de chuvas em quantidade significativa. Não podíamos nos dar ao luxo de perder nem uma gota.

Dito isso, minha leitura da história é que a familiaridade da Austrália com a seca acabou sendo um benefício. Não precisávamos imaginar os resultados de uma seca severa; já tínhamos sofrido várias.

As secas são tão importantes na história da Austrália que diversas cláusulas de nossa constituição fazem referência a elas. Na verdade, se não fosse pelas secas, os estados australianos poderiam ser um conjunto de pequenos países independentes como a Europa em vez de uma federação como os Estados Unidos. Digo isso porque, na década de 1890, uma terrível seca matou metade das ovelhas e reses da Austrália, provocando uma severa recessão. Essa seca foi o principal motivo que levou as seis colônias a se unirem em uma *commonwealth* (estados livres associados). Como era de esperar em uma terra tão seca, as negociações quase fracassaram, em função do impasse sobre a quantidade de água que cada um dos seis estados receberia. O problema principal era que, na maior parte de sua extensão, o rio Murray, que forma a divisa entre Nova Gales do Sul e Victoria, fornece água para quatro dos seis estados da Austrália. Como nas eternas batalhas pela água entre os estados da Califórnia e do Arizona, nos Estados Unidos, cada qual achava que merecia a parte que lhe cabia. Os que achavam que um rio forma a divisa ideal entre estados – creio eu – não consideraram a possibilidade de o rio secar.

Em 1915, a Austrália adotou o Acordo das Águas do rio Murray, no qual os estados rio acima garantiam fluxos mínimos rio abaixo, sendo o restante dividido igualmente. O que, por sua vez, deu início a uma febre de construções: represas, barragens, eclusas e outros aparatos hidráulicos que transformaram o Murray e seu principal tributário, o Darling, em pouco mais que um sistema de tubulações.

No final do século XX, o sistema Murray-Darling fornecia a maior parte da água destinada à irrigação na Austrália. Como uma parte enorme de nossa agricultura dependia de irrigação, tínhamos de sugar cada gota do Murray-Darling, e o fizemos até secá-lo. No ano 2000 já estávamos consumindo mais de três quartos do fluxo do rio, de tal forma que sua foz começou a assorear. O baixo Murray se tornou perigosamente salobro e carpas não nativas expulsaram os peixes nativos, exterminando várias espécies. O rio ficou tão ameaçado que as autoridades australianas descartaram o antigo pacto e o substituíram por outro, cujas medidas radicais traziam a promessa de salvar o rio caso isso ainda fosse possível: os fazendeiros que utilizassem sistemas de irrigação deixariam de receber subsídios federais, o que os desencorajaria a utilizar a água do rio. E eles – não os contribuintes – é que teriam de pagar pela manutenção da infraestrutura do rio. O uso de água para preservação ambiental receberia a mesma prioridade que o uso de água para fins comerciais. Os fazendeiros poderiam comerciar água entre estados, assim como faziam entre si. O acordo punha a Austrália à frente da maioria dos países no manejo da água. Porém, em retrospecto, ele trouxe poucas mudanças e chegou tarde demais.

Quando vocês perceberam que os esforços poderiam não ser suficientes?

Em 2028 ocorreram duas coisas que realmente nos chocaram. Uma delas referente ao nosso maior evento esportivo, o Aberto da Austrália, torneio de tênis que levou nosso país e nossa então linda cidade de Melbourne ao palco mundial. Na década de 2010, a temperatura durante o torneio começou a aumentar, embora as autoridades australianas negassem o aquecimento global. No final de 2019, irromperam no país os piores incêndios florestais de nossa história, queimando uma área quase quatro vezes maior que a Suíça, se é que o senhor consegue acreditar nisso. Tal fato mudou a cantilena dos negacionistas? Não, eles apenas cantaram mais alto.

Então, em 2020, diversas partidas tiveram de ser suspensas em função das altas temperaturas e da nuvem de fumaça gerada pelos incêndios. Nos anos seguintes, os jogadores passaram a usar bolsas de gelo durante as mudanças de quadra, enquanto mais partidas eram adiadas ou disputadas à noite. Mas ocorre que uma quadra de tênis de superfície dura absorve calor durante o dia e o libera à noite; portanto, transferir os jogos para o horário noturno não adiantava muito. Alguns dos jogadores de ponta começaram a boicotar o torneio. Então, em 2028, durante a final de duplas mistas, dois jogadores morreram de infarto diante de milhares de pessoas na plateia e de milhões que assistiam à partida em casa. Foi o último Aberto da Austrália. No mesmo ano, os quase mil quilômetros a jusante do rio Murray secaram completamente. A perda simultânea do Aberto e do Murray nos deixou realmente chocados.

A Organização Nacional de Ciências e Pesquisas Industriais (CSIRO – Commonwealth Scientific and Industrial Research Organisation) já nos informara várias vezes de que o aquecimento global era uma um fenômeno real e perigoso. Segundo seus cientistas, a Austrália era o país com o maior índice de emissão de gases de efeito estufa por pessoa no planeta. Eles nos informaram também de que, durante a segunda metade do século XX, as temperaturas médias na Austrália haviam subido 0,9°C a mais que a média mundial durante todo o século XX. Além de ser o mais seco dos continentes, a Austrália já poderia ter se tornado o mais quente. Na mesma metade do século, tanto o número de dias extremamente quentes quanto a média das temperaturas noturnas haviam subido. As temperaturas noturnas da Austrália eram particularmente reveladoras, pois nenhum negacionista poderia alegar, como muitos faziam nos Estados Unidos e em outros lugares, que eram as ilhas urbanas de calor que provocavam a elevação das temperaturas noturnas – a Austrália tinha apenas algumas cidades, amplamente dispersas. Para piorar as coisas, a média pluviométrica na bacia Murray-Darling decrescera entre 1950 e 2000. Mas a CSIRO nos informou de que o pior ainda estava por vir. Segundo algumas estimativas, a vazão do sistema Murray-Darling cairia 5% em vinte anos e 15% em cinquenta e, em um cenário pior, a vazão cairia 20% em vinte anos e 50% em cinquenta. Como sabemos hoje, foi o pior cenário que se transformou em realidade.

Embora a Austrália tenha sido um dos primeiros países desenvolvidos a elaborar sérias medidas para se adaptar ao aquecimento global, demoramos mais do que deveríamos para implementá-las. Um dos motivos do atraso foi que o *lobby* dos combustíveis fósseis da Austrália era mais organizado e poderoso que o de qualquer outro país. A Máfia da Estufa, como foi apelidado, agia em favor de indústrias de carvão, veículos automotores, petróleo e alumínio, obstando qualquer legislação que custasse dinheiro a essas empresas. Durante a administração Howard, esses poluidores ganharam tanta influência que elaboraram projetos de lei e regulamentações que se tornaram leis ou políticas sem nenhuma revisão. Algo similar aconteceu quando o presidente Donald Trump, dos Estados Unidos, colocou ex-lobistas de combustíveis fósseis em agências governamentais importantes. Mas, como naquele país, continuamos a votar em negacionistas das mudanças climáticas, que se recusavam a acreditar nas provas que tinham diante dos olhos.

Que papel o caráter nacional australiano exerce na resposta de vocês ao aquecimento global?

Nossa história e nosso caráter foram importantes – e essa é a razão pela qual eu lhe dei uma pequena aula de história quando começamos a conversar. Se nossos ancestrais não tivessem sido indivíduos resistentes e teimosos, jamais teriam obtido sucesso aqui e teriam desistido ao chegarem. Para colonizar o mais seco dos continentes, o primeiro mandamento era "Não entre em pânico". Secas virão, sim, mas cerre os dentes, aguente e elas um dia terminarão. No início deste século, todos os australianos adultos já haviam passado por pelo menos uma seca, que um dia terminou. Assim, a estratégia que deu certo para nós foi nos prepararmos, economizarmos água e aguardarmos o final da seca. Se o senhor fosse pecuarista, por exemplo, alguns de seus animais poderiam morrer, ou mesmo a maioria deles, mas um número suficiente sobreviveria para que, quando as chuvas retornassem, o senhor pudesse recompor seu rebanho.

Uma das piores secas na longa história de secas na Austrália ocorreu no final da década de 1990. Dragas na foz do Murray tiveram de trabalhar 24 horas por dia para impedir o rio de assorear por completo. Basicamente, cortamos o fornecimento de água para as terras irrigadas e para a cidade de Adelaide. Nossa colheita de arroz despencou, levando muitos agricultores a plantar uvas viníferas, mas a viticultura só durou até a década de 2030. As pessoas podem viver sem um Riesling, mas não sem arroz.

Embora no ano de 2008 tivéssemos contado com boas chuvas, trazidas pelo fenômeno climático conhecido como La Niña, a seca esvaziara tanto os reservatórios e deixara o solo tão ressecado que a chuva não fez muita diferença. Sydney passou por uma de suas piores secas em todos os tempos; em 2005, seus reservatórios estavam severamente exauridos. Na costa oeste, os estoques de água de Perth estavam mais baixos que nunca, o que levou a cidade a construir usinas de dessalinização. Nossos cientistas e o novo governo de Kevin Rudd nos disseram que as condições adversas poderiam se tornar permanentes, mas optamos por ignorá-las e elegemos uma sucessão de primeiros-ministros negacionistas. Entretanto, em meados da década de 2020, decidimos encarar os fatos e tomar as rédeas da situação, como verdadeiros australianos.

Como a dessalinização funcionou na Austrália?

Uma de nossas primeiras iniciativas no começo do século foi construir usinas de dessalinização em Adelaide, Perth e Sydney. Não se esperava que essas usinas produzissem toda a água de que cada cidade necessitaria, mas o suficiente para fazer diferença. A usina em Perth, por exemplo, em seu funcionamento pleno, supria na virada do século cerca de 17% das necessidades de água da cidade. Mas, como os moradores economizavam água, o percentual fornecido pela dessalinização cresceu. No ano 2000, por exemplo, o consumo por morador em Perth era de quase 500 litros por dia, mas a simples restrição do uso de *sprinklers* para irrigar gramados e jardins reduziu o consumo de água para perto de 400 litros por dia. No final da década de 2020, Perth baniu o uso de *sprinklers* e fechou seus campos de golfe. Os golfistas reclamaram, mas, como o clima estava ainda mais quente e seco, seus lamentos foram recebidos com risadas, é claro.

Começamos a reutilizar totalmente a água cinza – proveniente de chuveiros e lavagem de roupas –, que chegava a cerca de 30% do consumo doméstico de Perth. A cidade também proibiu o plantio de novos gramados e iniciou um programa de "grana por grama", que oferecia dinheiro aos moradores que removessem seus gramados e os substituíssem por plantas xerófilas (que vivem em ambientes secos), cactos, pedras ou o que quisessem, contanto que a área ficasse bonita e não precisasse de água. Os chuveiros foram banidos e os proprietários de imóveis receberam subsídios para que pudessem adequar suas casas. Aumentamos a tarifa da água fornecida pelo município até um ponto aflitivo e adotamos um sistema de preços diferenciados, de modo que quanto mais água fosse consumida, maior seria a tarifa cobrada. No início do século os fazendeiros pagavam pela água menos de um décimo do que pagavam os usuários urbanos. Mas as cidades descobriram que não poderiam elevar o preço da água destinada a lavouras irrigadas sem antes interromper completamente o fornecimento de água a gramados e jardins urbanos. Tão logo isso aconteceu, o preço para os fazendeiros começou a subir drasticamente e a quantidade de água que usavam diminuiu. É claro que precisamos da produção agrícola. Por essa razão, estamos sempre ajustando as tarifas de água destinada à irrigação, para não tirar os fazendeiros do negócio.

Perth estava preparada para fechar as válvulas de corte automáticas nos encanamentos residenciais, mas nunca chegou a fazê-lo. Em 2030, o consumo de água *per capita* caiu para pouco menos de 90 litros por dia. Isso permitiu que a usina de dessalinização fornecesse quase metade do consumo de água da cidade. Usinas de dessalinização precisam de muita energia, mas a de Perth obtinha a sua de uma fazenda eólica; portanto, ao contrário de muitas usinas de dessalinização, ela não era muito dispendiosa, além de não aumentar a emissão de gases de efeito estufa. Em última análise, porém, tanto na Austrália quanto em outros lugares, a dessalinização podia atenuar, mas não resolver o problema.

Tentamos também cortar nossas emissões de CO_2. Nos primeiros anos do século, não existia a exigência de quilometragem por litro. Em 2030, introduzimos a exigência de 80 quilômetros por litro. Embora as indústrias automobilísticas tenham choramingado, alegando que não seriam capazes de produzir de forma lucrativa carros com tão baixo consumo de combustível, na verdade foi o que fizeram. E as pessoas se aglomeravam para comprá-los. Hoje, é claro, os poucos automóveis que ainda circulam são elétricos, abastecidos por painéis solares. Se alguém quiser ver um carro movido a gasolina, terá de ir a um museu, caso consiga encontrar algum aberto.

Porém a coisa mais insidiosa a respeito do aquecimento global é que um país, por si só, faz pouca diferença. O ideal seria que todos os países agissem conjuntamente, algo que não foi feito. Só para se ter uma ideia, na década de 2020, enquanto endurecíamos as exigências e fazíamos de tudo para reduzir as emissões de gases de efeito estufa, os japoneses, assustados com o acidente nuclear de Fukushima, construíram 22 usinas movidas a carvão!

Logo percebemos que, se a população da Austrália crescesse, isso significaria um aumento de consumo de tudo, em um cenário em que teríamos menos de tudo, com exceção de calor. Um aumento de 10% na população, por exemplo, corresponderia a um decréscimo de 10% em nosso padrão de vida. Para evitar isso, restringimos a imigração a neozelandeses, estudantes, indivíduos qualificados e trabalhadores temporários. Quem não pertencesse a um desses grupos não poderia entrar na Austrália, exceto para uma breve visita. Reforçamos nosso departamento de imigração a fim de que essas regras fossem cumpridas.

Embora a taxa de fertilidade necessária para manter uma população estável seja de 2,1 filhos por mulher, essa taxa na Austrália, no início do século, era de apenas 1,76. Isso significava que não precisaríamos implantar controles populacionais, como muitos países. Por medida de precaução, estabelecemos um amplo programa de educação, demonstrando o que aconteceria se a população do país crescesse nos próximos cinquenta anos o mesmo que crescera nos últimos cinquenta – e pedimos a cada família que fizesse sua parte. Apesar da objeção da Igreja Católica, oferecemos todo tipo de contraceptivo sem qualquer custo. Tornamos os abortos seguros, amplamente disponíveis e gratuitos – sem que nenhuma pergunta fosse feita. O resultado foi que a população australiana declinou de 22 milhões, em 2010, para 18 milhões em 2050. O efeito *per capita* foi o mesmo que se obteria se os recursos do país tivessem aumentado em cerca de 20%.

Poucos países se adaptaram tão bem ao aquecimento global quanto a Austrália, e temos orgulho disso. Conhecíamos as secas como poucos e usamos esse conhecimento a nosso favor. E tínhamos mais uma vantagem: nosso isolamento. Como o mundo aprendeu do modo mais difícil, os países que melhor se adaptaram ao aquecimento global viraram polos de atração para refugiados do clima. Se a Austrália tivesse vizinhos fronteiriços, como os Estados Unidos têm o México, ou estivesse no outro lado de um mar navegável, como Gibraltar, não há dúvida de que os refugiados do clima teriam nos invadido também. Mas eles não tinham outro modo de chegar aqui exceto de barco. Alguns tentaram fazê-lo em botes improvisados, partindo das Filipinas e da Indonésia, mas nossa guarda costeira logo os recolheu.

Em contrapartida, nosso isolamento e o colapso das viagens internacionais destruíram nossas receitas advindas do turismo. A Grande Barreira de Coral, por si só, rendia-nos quase 7 bilhões de dólares anualmente – mas quem gostaria agora de ver seu esqueleto? Quem desejaria contemplar Ayers Rock no meio do nada? Qualquer um que queira ver desolação provavelmente não precisará sair de casa.

Mas, de modo geral, creio que o isolamento ajudou a Austrália. É estranho pensar que nossa localização nos antípodas – razão pela qual os britânicos enviaram nossos ancestrais presidiários para cá – acabou sendo nossa salvação.

O que o futuro reserva para a Austrália?

Ninguém pode saber, certo? Nosso isolamento, com certeza, pôs nosso destino em nossas mãos. Com o comércio internacional e a navegação falidos, nós mesmos temos de cultivar ou fabricar tudo de que necessitamos. Entretanto, dói-me dizer que um país tão seco como a Austrália e sem meios de importar produtos não tem condições de alimentar todas as pessoas que hoje vivem nele. Nossos agrônomos calculam que, após abandonar a maior parte do oeste e do interior, concentrando as pessoas em áreas que ainda têm chuva suficiente e não são insuportavelmente quentes, a Austrália poderia sustentar uma população em torno de 10 milhões. Presumindo, claro, que o aquecimento global não piore cada vez mais. Portanto tudo é possível, aqui e em todos os lugares.

Dra. Emerson, se décadas atrás as pessoas pudessem prever o futuro e entender o que aconteceu com a Austrália, qual a senhora acha que teria sido a lição?

Essa pergunta me leva a pensar em meu avô. Quando ele era jovem, gostava de ler ficção científica dos anos seguintes à Segunda Guerra Mundial. Particularmente um gênero chamado de ficção pós-apocalíptica, em que os autores imaginavam o mundo após uma guerra mundial nuclear. Quando eu era adolescente, encontrei muitos desses livros em sua biblioteca e os li. Alguns tinham um poder imenso – lembro-me de *Só a terra permanece*, *Um cântico para Leibowitz* e, especialmente, *On the Beach* (Na praia), do famoso autor Nevil Shute. Esses livros levavam os leitores a compreender o verdadeiro perigo da guerra nuclear e, sem dúvida, contribuíram para evitá-la. Nenhum teve mais impacto que *On the Beach*. A história se passa após uma guerra nuclear no hemisfério Norte, antes que a radiação mortal chegasse à Austrália. Mas chegaria, e todos sabiam disso – o que despertava, tanto nos australianos quanto na tripulação de um submarino americano estacionado no país, um forte sentimento de condenação à morte.

On the Beach levou às pessoas de todos os lugares a ideia de que nenhum rincão da Terra, por mais distante e isolado que seja, poderia escapar aos efeitos de uma guerra mundial nuclear. O mesmo se aplica hoje a um desastre global que ninguém na época de Shute poderia imaginar. A Austrália está mais bem posicionada que qualquer outro país para evitar os piores efeitos do aquecimento global, mas, embora possam demorar, eles acabarão chegando aqui. Não se trata de "se", mas de "quando". Nenhuma pessoa, em lugar nenhum, está a salvo do aquecimento global. A atmosfera que Shute imaginou transportando a mortal radiação atômica agora transporta o CO_2 em excesso e chega a todos os lugares. Esta deveria ter sido a lição para a geração dos nossos avós: se deixarmos o aquecimento global acontecer, nenhum país escapará.

O OUTRO LADO DO PARAÍSO

Patrick Thornton é professor aposentado da Universidade da Califórnia em Santa Bárbara. Sua especialidade acadêmica era o papel do aquecimento global provocado pelo ser humano em incêndios florestais, o que – é triste dizer – transformou a frente de sua casa em um laboratório.

Professor Thornton, diga-me como sua família se estabeleceu em Santa Bárbara.

Éramos neozelandeses originalmente. Meu avô foi o primeiro; chegou aqui na década de 1960. Acabou se tornando professor de geologia na Universidade da Califórnia em Santa Bárbara (UCSB). Seu filho, meu pai, seguiu seus passos. Sou, portanto, a terceira geração da família a lecionar aqui a coisa já estava no sangue. Santa Bárbara era um ótimo lugar, com uma das melhores universidades do mundo e um clima mediterrâneo incomparável; assim, fincamos nossas raízes aqui. Ainda é possível dizer que Santa Bárbara possui um clima mediterrâneo, pois tanto a cidade quanto os países mediterrâneos estão 4,4°C mais quentes que quando meu avô e minha avó chegaram. Ou poderíamos dizer que o clima mediterrâneo não existe mais.

Infelizmente, a UCSB é hoje uma pálida sombra do que foi em seu apogeu; a base tributária que sustentava o sistema da Universidade da Califórnia já diminuíra mais do que se poderia imaginar em 2005, ano em que nasci. As grandes universidades estão entre as maiores invenções da humanidade, mas todas se encontram em dificuldades agora e muitas já encerraram suas atividades. No final deste século, outras fecharão as portas e, em algum ponto do século seguinte, a última universidade desaparecerá. Poderíamos perguntar por que – se as universidades foram tão bem-sucedidas na educação das pessoas – seus milhões de ex-alunos não se levantaram para deter o aquecimento global provocado pelo ser humano.

Entre as coisas mais difíceis na vida de um acadêmico e cientista climático neste século não está apenas o declínio nos financiamentos à educação superior. Não, o que realmente doeu foi o fato de o público e os políticos – as mesmas pessoas que entregaram nosso país aos negacionistas das mudanças climáticas, de cujo apoio precisávamos – se voltarem contra a classe instruída, em geral, e contra os cientistas, em particular. Nós nos tornamos os vilões, ou, melhor, as vítimas incriminadas. Porém, ao contrário da maioria das pessoas, quando meus filhos me perguntam o que fiz para tentar deter o aquecimento global provocado pelo ser humano, tenho uma resposta: meus colegas cientistas e eu tentamos, mas fracassamos. Sempre é melhor do que não ter nem ao menos tentado.

Como o aquecimento global afetou Santa Bárbara, sua cidade natal?

A cidade fica entre o canal de Santa Bárbara, ao sul, e as montanhas de Santa Ynez, alguns quilômetros ao norte. Lembro-me de um amigo que surfava de manhã e depois – só para mostrar que podia fazer isso – entrava em seu carro, dirigia até as montanhas e esquiava à tarde. O distrito comercial ficava perto da costa e as residências no interior, de modo que as encostas das montanhas ofereciam a muitos moradores de Santa Bárbara uma esplêndida vista da cidade e das ilhas do Canal. É raro vê-las agora por causa da fumaça dos incêndios florestais, que, aliás, está diminuindo pois restam menos áreas para serem queimadas.

À medida que este século mortal avançava, o que fora uma grande atração foi se tornando uma ameaça. As montanhas e a praia começaram a lembrar os mordentes de um torno, espremendo para fora a vida de Santa Bárbara e obrigando a cidade a lutar em duas frentes – geralmente uma situação perdida. Começarei falando sobre o mar e depois falarei sobre o fogo.

Em 2012, a cidade de Santa Bárbara encomendou um relatório sobre sua vulnerabilidade à elevação do nível do mar ao final do século XXI. O relatório previu que o nível do mar poderia subir até 2 metros, o ponto mais alto das projeções – aliás, ridicularizado pelos negacionistas das mudanças climáticas. A projeção, no entanto, acabou sendo precisa.

A costa da Califórnia é diferente do litoral atlântico, que, em sua maior parte, é constituído por praias, de Nova Jersey a Key West. Aqui temos nossas praias, mas também falésias e até montanhas confrontando ondas, como em Big Sur. Assim, tínhamos de nos preocupar não apenas com a perda de nossas praias para a elevação do nível do mar mas também com mares mais altos e tempestades mais fortes, que aumentariam a erosão, minando as falésias e derrubando as casas construídas sobre elas. A erosão de penhascos marinhos sempre foi um problema em Santa Bárbara, mas neste século a situação piorou drasticamente. Na maior parte do mundo, morar em terras altas sempre foi uma proteção contra inundações. Com o aquecimento global, porém, morar sobre uma falésia costeira tornou-se um grande problema.

O relatório de 2012 abordou a erosão dos penhascos e das inundações, projetando os perigos de cada fenômeno para 2050 e 2100, respectivamente. É triste voltar no tempo e ler o relatório agora – como fiz para me preparar para nossa entrevista –, verificando a precisão seus alertas e a sensatez de suas recomendações. Tenho certeza de que não sou a única pessoa entrevistada pelo senhor que especula se há algo em nossa espécie que nos torna incapazes de agir, por mais claro que seja o aviso, quando o perigo previsto está décadas à frente. O defeito fatal do *Homo sapiens* pode ser o fato de nada fazermos até a ação ser absolutamente necessária; e então, muitas vezes, já é tarde demais.

Algumas partes do campus da universidade e da vizinha Isla Vista, onde muitos estudantes viviam, foram construídas no topo de falésias. Mesmo na época do meu avô, já se falava que uma seção do penhasco estava para desabar, levando junto as casas acima. Desde então, o nível do mar, a altura das ondas e a frequência de tempestades só fizeram aumentar, acelerando a taxa de erosão. O relatório previu que o recuo das falésias poderia chegar a 49 metros em 2100, mas agora, em 2084, já atingiu 61 metros. Grande parte de Isla Vista tornou-se inabitável e vários prédios do *campus*, nas proximidades dos penhascos, desabaram.

Um dos bairros mais cobiçados de Santa Bárbara era Mesa, perto do centro da cidade e da Santa Barbara City College. Muitas casas ali ficavam a menos de 15 metros dos penhascos. O relatório prevê que a beirada do penhasco Mesa recuaria 160 metros até 2100, tornando o distrito inabitável, o que parece uma previsão precisa.

O relatório analisou também as enchentes e outros efeitos das tempestades violentíssimas que agora ocorrem a cada 25 anos e elevam em 1,5 metro, em seu auge, o nível do mar. Previu também, com exatidão, que o Aeroporto de Santa Bárbara, partes do *campus* da City College e a seção mais baixa da cidade, a leste do centro e a 15 quarteirões da costa, seriam inundados a cada poucos anos. E assim aconteceu, eliminando as estações de dessalinização e de tratamento de resíduos, o refúgio de pássaros e o cais Stearns.

E o que o senhor me diz dos perigos vindos da outra direção, das montanhas?

O arranjo específico da terra e do mar e sua localização na costa da Califórnia deixam Santa Bárbara exposta a dois tipos de ventos perigosos, que podem favorecer incêndios. O primeiro é o setentrional, que, em função da pressão atmosférica diferente entre as montanhas e o mar abaixo, desliza velozmente pelas encostas das montanhas de Santa Ynez em direção ao oceano. À medida que desce, flui mais depressa, esquentando e secando o ar, o que torna impossível combater os incêndios resultantes. Na época do relatório, quando as encostas se incendiavam – o que acontecia com frequência cada vez maior –, os moradores de Santa Bárbara ouviam nos noticiários que os bombeiros teriam de esperar até a noite, quando os ventos diminuíam. A essa altura, claro, as casas já estavam queimadas. Os famosos ventos de Santa Ana, por sua vez, também são quentes, secos e descem as encostas, mas vêm da Grande Bacia e afetam uma área muito maior. Em certas ocasiões, o setentrional arremetia e, dias depois, os de Santa Ana vinham para terminar o serviço.

Entre 1955 e a década de 2020, mais de 400 mil hectares foram queimados em grandes incêndios no condado de Santa Bárbara, cerca de 41% de sua área total. Quinze desses vinte incêndios ocorreram a partir de 1990. O incêndio Thomas, em dezembro de 2017, consumiu 114 mil hectares, tornando-se o maior da história do estado. No verão seguinte, o incêndio do Complexo Mendocino, ao norte, alastrou-se por 186 mil hectares, quebrando um recorde estadual de seis meses. E lembre-se de que isso tudo ocorreu quando o aquecimento global estava começando, quando os negacionistas ainda afirmavam que os incêndios florestais aconteciam porque o Serviço Florestal dos Estados Unidos se recusava a limpar os restos de vegetação e as árvores mortas que proviam combustível.

Qualquer pessoa inteligente sabia que este seria o Século de Fogo na Califórnia. Os incêndios florestais se tornaram um fato constante na vida, enchendo o ar de fumaça, a qual parece nunca desaparecer completamente. Grande parte de nossas áreas de florestas nacionais foi queimada, assim como muitas das pequenas cidades nos arredores das florestas.

Um dos aspectos mais perigosos dos incêndios na Califórnia é o que acontece depois deles, especialmente nas regiões de chaparreiros: ao queimarem a vegetação, eles destroem as raízes, que mantêm o solo coeso, de modo que a chuva torrencial seguinte pode desalojar a terra, as pedras, os restos carbonizados e arrastá-los para as áreas abaixo. Esses fluxos de detritos ganham velocidade à medida que se deslocam, como uma avalanche. Se atingirem uma área povoada, a remoção dos destroços pode levar anos e custar mais que os danos causados pelo fogo. Foi exatamente o que ocorreu com nossa bela comunidade de Montecito em 2018, quando torrentes de escombros de até 4,5 metros de altura, deslocando-se a 32 quilômetros por hora, destruíram cem casas e mataram 21 pessoas. A importante rodovia 101 ficou soterrada sob lama e rochas, que levaram meses para serem removidas.

Até aqui, só falei dos grandes incêndios, daqueles que queimaram centenas de milhares de hectares – os que chamam nossa atenção. A grande maioria deles é de menor envergadura, claro, mas esses também destroem casas e vidas antes que os bombeiros possam apagá-los. Meus avós quase perderam a casa para um deles em 2018: o Incêndio Holiday, que leva o nome de uma das ruas. Tendo atingido uma área de 45 hectares, não tem comparação com o gigantesco Incêndio Thomas. Mas o Holiday destruiu dez casas, que quase incluíram a dos meus avós, e custou 1,5 milhão de dólares para ser combatido. Esses pequenos incêndios se tornaram muito comuns, a ponto de ocorrerem dois ou mais ao mesmo tempo, com os bombeiros só podendo combater um de cada vez. Isso costumava ser um problema menor, pois, quando um incêndio se iniciava em uma área, bombeiros de todo o estado e até mesmo de fora se apressavam em ajudar. Mas logo começaram a relutar em deixar suas áreas de responsabilidade, temerosos de que um incêndio ocorresse lá e saísse do controle antes que pudessem retornar.

Em meus arquivos, tenho um mapa mostrando onde ocorreram incêndios no estado entre 1950 e 2020. As áreas são destacadas em diferentes cores para cada ano. Áreas não queimadas são mostradas em branco. Houve tantos incêndios que o mapa parece uma colcha de retalhos. Ainda assim, algumas áreas foram amplamente poupadas – o vale Central, por exemplo, onde havia pouca madeira para alimentar um grande incêndio. Uma área de incêndios se estende pelo sudeste do estado, onde há parques e florestas nacionais; outra desce pela faixa costeira ao oeste do vale Central. Abaixo de Bakersfield, as duas áreas se encontram e continuam para o sul, como uma só, até a fronteira mexicana. Quando estudei esse mapa, no início de minha carreira, logo percebi que ele revelava onde as condições eram favoráveis a incêndios e, portanto, onde os futuros incêndios tinham mais probabilidade de ocorrer.

Se atualizássemos o mapa para hoje, alguns condados não teriam áreas poupadas de incêndios. Aqueles que queimavam com frequência, segundo o mapa, teriam agora queimado novamente, o que exigia o uso de padrões diferentes, além de cores, para tornar o mapa legível. Nosso vizinho, o condado de Ventura, já mostrava esses padrões no mapa antigo, assim como uma faixa branca. Agora mostraria cores vivas em todas as áreas, com tons e padrões dispostos uns sobre os outros. Na verdade, o mapa do condado de Ventura precisaria hoje de um equipamento 3D para que todos os incêndios fossem distinguidos.

Antes de terminarmos, conte-me como os incêndios na Califórnia afetaram as duas grandes empresas de energia do estado.

Em poucas palavras, os incêndios as tiraram do negócio. A maior parte deles foi causada por humanos, não por raios. E muitos decorreram de algum tipo de defeito nos equipamentos das empresas de energia. As linhas de transmissão de energia, por exemplo, podem entrar em curto e emitir fagulhas, que ao tocarem algum galho seco iniciam um incêndio. É impressionante pensar que incêndios tão grandes podem ter origem em um punhado de fagulhas no lugar errado...

As leis da Califórnia exigiam que as empresas de energia reembolsassem os proprietários de residências por danos causados a seus equipamentos. As empresas também foram processadas por grupos de consumidores em valores que chegavam a dezenas de bilhões. As duas grandes empresas de energia da Califórnia – a Pacific Gas and Electric e a Southern California Edison – tiveram seus títulos rebaixados para a categoria de alto risco e declararam falência. Ambas fecharam as portas na década de 2020 e o estado teve de virar fornecedor de energia. As empresas privadas de serviços públicos também se tornaram vítimas do aquecimento global.

As pessoas costumavam dizer que os incêndios eram o novo "normal" na Califórnia. Nós, cientistas, não gostamos desse termo, pois dá a entender que o mundo passa de um nível estável para outro. Na verdade, há um novo normal a cada ano. Suponho que o conceito atenda ao nosso desejo inerente de acreditar que, se passarmos por um período de mudança, chegaremos a um novo período de estabilidade ao qual poderemos nos adaptar. E se a própria mudança se tornar normal?

O futuro dos incêndios na Califórnia e o futuro da elevação do nível do mar diferem de modo macabro. Em algum ponto, muito do que poderia ser queimado já estará queimado; o número de novos incêndios e terras calcinadas atingirá o pico e começará a diminuir, como parece já estar acontecendo. Quanto do território californiano se tornará inabitável, ninguém sabe. O nível do mar, por sua vez, continuará subindo e espremendo os moradores de Santa Bárbara em uma área cada vez menor, entre o mar e as encostas das montanhas. Para eles, é assim que o paraíso terminará.

PARTE 2
INUNDAÇÕES

UMA CIDADE MAGNÍFICA

A Dra. Vivien Rosenzweig foi diretora do Centro de Pesquisas de Sistemas Climáticos da Universidade de Colúmbia, agora localizado em Poughkeepsie, Nova York.

Dra. Rosenzweig, a senhora sabia que a cidade de Nova York era vulnerável aos efeitos do aquecimento global. Mas imaginou que isso obrigaria seu departamento a se deslocar 121 quilômetros rio Hudson acima?

Nós, cientistas, sabíamos que o aquecimento global seria ruim, muito ruim. Mas até mesmo nós ficamos surpresos quando os eventos climáticos extremos que prevíamos para as décadas de 2030 e 2040 começaram a ocorrer nas décadas de 2010 e 2020. Ficamos preocupados, achando que nossos modelos climáticos não haviam recolhido todo o *feedback* concebível, e parece que estávamos certos. Falando por mim mesma, jamais imaginei que as coisas na cidade de Nova York ficariam tão ruins e que Colúmbia e outras universidades teriam de fechar alguns de seus departamentos – e, em muitos casos, como podemos ver hoje, fechar completamente. Os curadores da Colúmbia haviam se livrado das ações de empresas de carvão que a universidade ainda detinha, mas mantiveram as de grandes empresas petrolíferas até ser tarde demais. Gostaria que os curadores da década de 2020 estivessem vivos hoje para olhar ao redor e ver em que resultou sua política. Tivemos a sorte de nos mudar para cá, mas, nesta nova era, sorte é coisa temporária. Tudo isso me deixa terrivelmente triste, mas responderei às suas perguntas antes de ficar desanimada demais para ter uma conversa inteligente.

Sim, sabíamos que a cidade de Nova York era vulnerável por duas razões principais. Primeiramente, como ocorreu em muitas cidades, as instalações públicas de Nova York foram parar em terrenos que ninguém queria adquirir e que, portanto, estavam disponíveis a custo baixo. Muitas das estações de tratamento de água e esgoto de Nova York, por exemplo, ficavam apenas alguns metros acima do nível do mar. E várias linhas do metrô estavam abaixo do nível do mar. Os três aeroportos tinham elevações de 3 a 6 metros apenas, como qualquer pessoa que voou para o Aeroporto LaGuardia antes de seu fechamento não podia deixar de notar. Quando uma grande tempestade foi trazida por mares cujo nível o aquecimento global elevara, essas instalações públicas foram as primeiras a entrar em colapso.

A segunda vulnerabilidade decorreu do fato de Nova York estar no caminho de tempestades vindas de duas direções diferentes: os furacões que sobem do sul e as poderosas tempestades que descem da Nova Inglaterra. Estas últimas, embora seus ventos tenham menos velocidade, muitas vezes permanecem mais tempo na cidade, permitindo que as enchentes alcancem mais ruas e prédios.

Permita-me rever parte da história. Uma das primeiras grandes tempestades a serem registradas atingiu Nova York em 1821. Seu centro se posicionou exatamente na cidade e, no espaço de uma hora, provocou uma ressaca com ondas de 4 metros que inundaram a parte baixa de Manhattan até a Canal Street. Em 1893, uma tempestade destruiu Hog Island, na costa sul de Long Island. A grande tempestade de 1938, conhecida como Long Island Express, levantou uma parede de água com 10 metros de altura e matou setecentas pessoas. Então, em setembro de 1960, o furacão Donna, uma tempestade da categoria 3, provocou uma ressaca com ondas de 3 metros. O Donna inundou a parte baixa de Manhattan quase até a cintura das pessoas, principalmente no local onde mais tarde seria construído o World Trade Center. Os aeroportos suspenderam suas operações, assim como o metrô, e as rodovias foram fechadas. Em dezembro de 1992, uma tempestade com ventos de 130 quilômetros por hora e ondas de 6 a 7,5 metros provocou algumas das piores enchentes da história de Nova York. O furacão Floyd – tempestade da categoria 2 que chegou em setembro de 1999 – despejou 400 milímetros de chuva em 24 horas. Felizmente chegou na maré baixa, já enfraquecido, e não provocou uma ressaca muito grande.

O que estou lembrando é que, ainda no século XX, Nova York já se mostrava suscetível a eventos climáticos extremos. À medida que o século XXI avançava, os oceanos foram esquentando e, em 2060, aumentaram a intensidade dos furacões. Assim, o que antes seria uma tempestade da categoria 3, com ventos de até 210 quilômetros horários, seria agora, provavelmente, uma tempestade da categoria 4, com ventos de até 250 quilômetros por hora.

Como se sabe, classificamos as inundações e outros eventos climáticos extremos por sua frequência. Uma tempestade violentíssima tem a probabilidade de 1% de ocorrer em determinado ano. Isso não significa que, se acontecer, ficaremos livres dela pelos próximos 99 anos. No início do século, Houston teve três tempestades violentas em três anos. Os cientistas calculavam a frequência das tempestades com base em ocorrências anteriores, porém, com o aquecimento global, o passado deixou de ser um guia confiável para o futuro. Quero enfatizar isso e aplicar esse conceito de modo mais amplo: ao longo da história da humanidade, as pessoas sempre calcularam os riscos com base no passado. As pessoas não construíam suas casas numa planície que algum rio conhecido costumava inundar, nem casas de praia muito próximas à linha da maré mais alta. Se alguém construísse um sistema de irrigação, digamos, no vale Imperial da Califórnia, esperaria uma variação no fluxo do rio Colorado, mas saberia que, em média, esse fluxo permaneceria estável. E assim por diante. Mas, ao queimar combustíveis fósseis, eliminamos o passado como um guia para o futuro, colocando em risco a humanidade.

Como o aquecimento global elevou o nível do mar e a intensidade das tempestades – levando as enchentes e tempestades a cobrirem cada vez mais áreas da cidade de Nova York –, uma enchente de proporções colossais, que acontecia de 100 em 100 anos, passou a acontecer de 50 em 50, depois de 25 em 25, e agora acontece de 10 em 10 anos. É difícil viver e conduzir negócios sabendo que a probabilidade de uma enorme enchente acontecer é dez vezes maior que antes.

A grande tempestade de 2028, que recebeu o nome de Alphonse, lembrou a tempestade de 1992 no sentido em que se deslocou mais rapidamente para a área de Nova York do que o previsto, mas, tão logo chegou, despejou chuvas torrenciais durante dias. O momento não poderia ter sido pior, pois a tempestade veio na lua cheia e durou quatro marés, causando um curto-circuito em todo o sistema metroviário da cidade e deixando pessoas presas nos trens e nas estações. Algumas delas, na parte baixa de Manhattan, foram inundadas até o teto. Remover a água salgada, substituir os equipamentos inutilizados e colocar as composições de novo em operação demorou meses. A rede de trens entre a cidade de Nova York e o estado de Nova Jersey teve de ser fechada por quase um mês. As pistas do LaGuardia ficaram sob um palmo de água salgada, que demorou dias para ser escoada. Dois metros de água cobriram a FDR Drive e muitas outras avenidas na parte baixa de Manhattan também foram inundadas. A tempestade destruiu a Fire Island e outras ilhas baixas, além de muitas casas em Westhampton e áreas adjacentes de Long Island.

As águas da enchente inundaram a Canal Street, transformando a parte baixa de Manhattan em duas ilhas. Durante mais de uma semana, antes que a água baixasse, as pessoas só conseguiam chegar a Wall Street e ao restante do distrito financeiro por meio de barcos. Tendo acarretado prejuízos em torno de 20 bilhões de dólares e matado cerca de 3 mil pessoas, o Alphonse superou o furacão Katrina. Mas foi somente um tiro de alerta.

A grande tempestade teve o mérito de convencer as autoridades da cidade de Nova York a enviar equipes para estudar os diques e comportas da Holanda – isso ocorreu duas décadas antes que as comportas da barreira Maeslant ruíssem, deixando entrar a água que destruiu Roterdã. Nova York começou a erguer barreiras contra ressacas em três pontos críticos: na foz do estreito de Arthur Kill, entre Staten Island e Nova Jersey; no estreito de Narrows, na entrada do porto de Nova York; e no outro lado do East River, logo acima do Aeroporto LaGuardia. As três barreiras deveriam isolar e proteger Manhattan, Staten Island, a península de Nova Jersey e as áreas internas do Brooklyn e de Queens. No entanto, o plano deixou a costa sul de Long Island, a península de Rockaway, a Brighton Beach e o Aeroporto JFK desprotegidos. Em retrospecto, podemos ver que esta foi uma grande lição do século XXI: podemos salvar algumas pessoas e algumas áreas, mas não podemos salvar todo mundo em toda parte o tempo todo.

No hemisfério Norte, os furacões fazem um movimento anti-horário; assim, seus ventos mais destrutivos ficam à direita do centro. O arranjo particular do mar e da terra próximo da cidade de Nova York agrava o dano potencial de um grande furacão, pois os ventos no sentido anti-horário provenientes do oeste canalizam água através da pronunciada curva entre Nova Jersey e Long Island e a levam diretamente ao porto de Nova York.

Quando a grande tempestade chegou, em agosto de 2042, o

efeito combinado da elevação global do nível do mar e da terra afundada na área de Nova York deixara o nível do mar 0,6 metro mais alto que em 2000. A 2042-8 foi uma tempestade da categoria 3 que se deslocou para o norte sobre o Atlântico ao largo da costa de Nova Jersey. Ao se aproximar da cidade de Nova York, desviou-se inesperadamente alguns graus para o oeste, ingressando na trilha mais perigosa.* Até esse ponto, a tempestade se deslocara sobre a água, escapando à desaceleração provocada pelo solo. Ao atingir o continente, em Asbury Park, prosseguiu para o norte e ligeiramente para o oeste, sobre Perth Amboy, Elizabeth, Newark e Paterson.

A barreira marítima entre Staten Island e Nova Jersey e a do Upper East River acima do Aeroporto LaGuardia, que ainda estavam em construção, desmoronaram em poucas horas. A barreira na entrada do porto de Nova York já operava com sucesso havia dois anos, mas também acabou desmoronando, após ser martelada durante 24 horas por ventos de 200 quilômetros horários e ondas revoltas com 14 metros de altura. A barreira fora construída pelo Corpo de Engenheiros do Exército partindo do pressuposto de que a elevação do nível do mar até 2100 seria de apenas 0,55 metro, nível ultrapassado em 2050.

Uma enorme onda invadiu a Upper New York Bay (baía superior de Nova York), atingiu a base da Estátua da Liberdade e destruiu tudo nas ilhas Ellis e Governors. Grandes ondas continuaram a erodir os pés da estátua, até que uma onda gigante finalmente a derrubou. A estátua ainda está lá, imóvel, deitada de

---

* A Administração Nacional Oceânica e Atmosférica (NOAA – National Oceanic and Atmospheric Administration) costumava batizar os furacões com nomes de pessoas. Quando os nomes se esgotaram, eles começaram a rotulá-los numericamente, por ano-hífen-mês. O restante do mundo adotou essa nomenclatura.

lado e com a tocha apagada, sob um mar mais alto do que seus construtores jamais poderiam ter imaginado.

A enorme ressaca de 2042-8 destruiu não só as ilhas da baía como também grande parte da cidade de Nova York. Uma onda de 7 metros afogou o Aeroporto LaGuardia. No Aeroporto JFK, a água chegou a 10 metros e o deixou em ruínas. A água também inundou o Lincoln Tunnel até o teto, afogando centenas de pessoas dentro de seus carros. Ondas enormes quebraram sobre o túnel Brooklyn-Battery e atingiram o distrito financeiro, inundando os primeiros e também alguns segundos andares de todos os prédios do local.

A tempestade não só deixou grandes áreas de Manhattan sob a água como também inundou Rockaway, Coney Island e setores do Brooklyn. Partes de Long Island City, Astoria e do parque Flushing Meadows, no Queens, foram submersas, bem como uma seção da Staten Island, desde o porto de Great Kills, ao norte, até a ponte Verrazano. Todos os sistemas de transporte pararam. A energia caiu quase imediatamente em toda a cidade e levou meses para ser restaurada. Algumas pessoas tentaram sair da cidade de carro ou a pé e muitas morreram. Cenas na ponte George Washington lembravam a do desastre do World Trade Center, em 2001, com corpos despencando no ar. A pilhagem foi desenfreada. As instalações policiais e médicas ficaram sobrecarregadas. Nova York se tornou algo próximo a uma cidade aberta e restabelecer o estado de direito levou quase um ano.

Vale lembrar que o ataque ao World Trade Center, mesmo levando em conta os efeitos da fumaça e da poeira, afetou diretamente apenas uma pequena parte da cidade. A tempestade de 2042 causou estragos em uma área muito maior, paralisando toda a cidade de Nova York e seus arredores. Muitas empresas e organizações não viam mais futuro na ilha e as que tinham condições mudaram-se para locais mais elevados no interior, como meu departamento precisou fazer. Isso, é claro, foi apenas o início da época em que pessoas do mundo inteiro começaram a fugir dos litorais, onde, já em meados do século, a vida estava se tornando insustentável.

Meu departamento e eu estamos seguros aqui, mas o que se espera que façamos com nossa segurança? Ingressamos na ciência para tornar o mundo um lugar melhor, mas isso já não é mais possível. Qual será agora nosso propósito na vida?

A TRISTE HISTÓRIA DE MIAMI

Harold R. Wanless IV é bisneto de um ilustre geólogo da Universidade de Miami na virada do século. O Wanless mais jovem é especialista em história da Flórida, além de genealogista da família. Encontrei-me com ele em sua casa, 8 quilômetros a oeste da baía de Biscayne.

Meu bisavô era especialista em geologia costeira, o que lhe dava uma ideia de como a elevação do nível do mar afetaria o sul da Flórida. No início do século, ele foi convidado a presidir o comitê de ciências da Força-Tarefa para Mudanças Climáticas do condado de Miami-Dade. Ele sabia que o trabalho o afastaria de suas pesquisas e provavelmente o tornaria o portador de más notícias. Mas viu a missão como um dever cívico. Ao ler suas cartas e seus artigos, posso ver que ele acreditava que, se os cientistas não falassem a verdade sobre o que o aquecimento global poderia trazer à Flórida, quem o faria?

O relatório do comitê que tenho em nossos arquivos de família foi publicado em setembro de 2007. Dizia que, de acordo com as evidências geológicas, o nível do mar no sul da Flórida subira em média 38 milímetros por século durante quase todos os últimos 2.500 anos. Essa elevação lenta e gradual permitiu o desenvolvimento de um estável litoral de manguezais e praias, o que, por sua vez, tornou a costa da Flórida um lugar relativamente seguro para construções. Nesse ponto, o relatório lançava uma bomba: a partir de 1932, a taxa de elevação do nível do mar aumentou para cerca de 30 centímetros por século, mais de oito vezes a média anterior ao longo de 2.500 anos. A causa dessa aceleração, segundo meu bisavô e seus colegas, foi o aquecimento global – expressão que, naquela época, era um palavrão. Um governador ignorante proibiu, posteriormente, qualquer menção ao aquecimento global nos relatórios estaduais, como se isso fosse eliminar o problema.

O comitê do meu avô previu que o nível dos oceanos subiria pelo menos 0,5 metro nos cinquenta anos seguintes e entre 0,9 e 1,4 metro no final do século. Em alguns recortes amarelados de jornais encontrei meu avô dizendo aos nossos deputados que seria muito difícil viver no sul da Flórida com um aumento de 1,2 metro no nível do mar e que um aumento de 1,5 metro tornaria a vida praticamente impossível. Ele acrescentou que, se o nível do mar se elevasse em 1 metro, "as reservas de água doce desapareceriam; a água do mar inundaria os Everglades, região pantanosa no sul do estado, na parte oeste do condado de Miami-Dade; as ilhas-barreiras, em sua maior parte, seriam transformadas em pântanos; as ressacas seriam devastadoras; e as áreas de aterro ficariam expostas à erosão, contaminando os ambientes marinhos e costeiros". Todas essas previsões se realizaram, mas alguém as escutou?

Se o senhor me permite o comentário, naquela época a Flórida tinha um governo e uma assembleia legislativa de negacionistas da ciência. Mas todos eles fizeram este mesmo juramento:

> Juro (ou afirmo) solenemente que apoiarei, protegerei e defenderei a Constituição e o Governo dos Estados Unidos e do estado da Flórida, que estou devidamente qualificado para exercer meu cargo sob a Constituição do estado e que desempenharei bem e com fidelidade os deveres que estou prestes a assumir, e que Deus me ajude.

O juramento não menciona especificamente o bem-estar das pessoas, mas só porque ele estava subentendido e não precisava ser declarado. Nós não temos militares porque sabemos que haverá uma guerra, mas para o caso de que haja uma, o que, como a história demonstra, acontece com frequência. Olhamos para a frente e nos preparamos para futuros possíveis. Mas as autoridades da Flórida não fizeram isso – disseram que estavam certas a respeito do futuro e que a comunidade científica estava errada. Negaram a ciência e quebraram seu juramento a Deus.

A previsão do comitê do meu bisavô era particularmente alarmante, considerando-se as coisas que tornavam a Flórida atraente na época: o clima, as praias, as paisagens. O comitê estava convencido de que o aquecimento global colocaria em risco esses três atributos. Se a Flórida se tornasse quente demais para que as pessoas desfrutassem do clima, se suas praias desaparecessem sob o mar, se os Everglades fossem inundados e se o clima do norte se tornasse mais quente – desencorajando os turistas de voarem para o sul juntamente com as aves migratórias –, as pessoas ainda desejariam vir para a Flórida? Já descobrimos que não desejariam e não desejam.

À medida que o século foi passando, nós, moradores da Flórida, começamos a notar que as marés altas empurravam a água cada vez mais terra adentro. A cada vez que visitávamos nossa praia favorita, ela estava mais estreita. Nos Everglades, a água subiu até cobrir a área oeste de Miami. Os furacões se tornaram perceptivelmente mais violentos. Então veio o calor. Os habitantes da Flórida estavam acostumados com o calor, mas os dias mais quentes se tornaram quase insuportáveis. Um artigo no *Miami Herald* relatou que a temperatura de Miami em 2035 a teria tornado uma das cidades mais quentes do mundo nos anos 2000 – para não falar da umidade. Estar ao ar livre hoje em dia é arriscar a saúde, ou pior. Pessoalmente, o que acho mais difícil suportar é o fato de a temperatura nunca mais ter esfriado à noite. Eu costumava me sentar em meu quintal para desfrutar de uma refrescante brisa marinha após o pôr do sol, bebericando meu rum com tônica, quando ainda era possível se obter rum. Nunca mais. Ainda vamos para os nossos quintais, pois, com a eletricidade racionada, a maioria não pode se dar ao luxo de ligar os condicionadores de ar. Mas sentar no lado de fora não é muito melhor do que ficar dentro de casa...

Em 2056, o sul da Flórida teve seu grande furacão.

Foi o golpe final: uma tempestade da categoria 4, conhecida como 2056-2058, atingiu diretamente Miami Beach e suas ondas, de até 10 metros de altura, penetraram no interior. Essas ondas abriram uma cratera com cerca de 800 metros de diâmetro que destruiu o Miami Beach Golf Club, a marina e derrubou muitos prédios. Posteriormente, Miami Beach ficou com duas ilhas-barreiras onde antes havia uma e o oceano Atlântico – penetrando pela passagem que se abriu – passou a ter acesso direto à baía de Biscayne. As ilhas Fisher e Dodge foram submersas. As praias, desde Fort Lauderdale até o sul, passando por Hollywood, Miami Beach e Key Biscayne, desapareceram.

O porto de Miami era um dos maiores do mundo, mas o 2056--8 destruiu a área de contêineres de carga da ilha Lummus e inundou o restante do porto de forma irreparável. Esse fato deixou Miami sem condições de operar com navios de carga; lembre-se de que, naquela época, o setor de cruzeiros já havia sido encerrado há muito tempo.

O nível do mar continuou a subir, inundando o Aeroporto Internacional de Key West e ameaçando alagar a Rodovia 1, o que tornou a ilha acessível apenas por embarcações. Isso deflagrou um longo êxodo, que transformou Key West em uma cidade-fantasma.

As marés altas da primavera avançavam terra adentro, muitas vezes inundando a parte posterior das ilhas-barreiras. No continente, a drenagem tornou-se mais lenta e o sal arruinou muitas safras do sul da Flórida. Tivemos de abandonar a Estação de Geração Nuclear de Turkey Point e a Base Aérea de Homestead, ambas situadas nas terras baixas próximas a Homestead. Como Turkey Point era a 6ª maior usina elétrica dos Estados Unidos, sua perda provocou o racionamento de eletricidade.

O clima dos negócios e do mercado imobiliário no sul da Flórida passou de um rápido crescimento a um rápido declínio. As pessoas simplesmente saíram de suas casas hipotecadas, deixando as chaves na caixa de correio. Agora é possível caminhar por bairros abandonados, abrir caixas de correio e encontrar dentro delas velhas chaves enferrujadas.

No ano passado, o nível do mar subiu 1,2 metro, o que está dentro das previsões do meu bisavô. Ao longo de toda a costa atlântica da Flórida, grande parte das terras antes adjacentes ao litoral está submersa, assim como as antigas margens das lagoas internas. Miami Beach desapareceu. Cidades como Fort Lauderdale e Vero Beach perderam mais da metade de suas terras e as pessoas estão abandonando o que restou o mais rapidamente possível.

Como o senhor não tem tempo para discutir mais que uma amostra do que aconteceu no sul da Flórida e em Miami, permita-me enfocar uma área específica, a joia da coroa de Miami: o distrito de Brickell. No início do século, a febre de construções nesse local deu a Miami uma silhueta que lembrava Nova York. Brickell veio a abrigar o distrito financeiro, condomínios de luxo, altas torres de escritórios, mansões e por aí vai. Era "a Manhattan do Sul", ou o "Bairro dos Milionários". Mas hoje, desde o rio Miami, ao sul, até a ponte Rickenbacker Causeway – uma faixa de 3 quilômetros –, o andar térreo de todos os prédios está submerso.

As sedes corporativas, os hotéis quatro estrelas e os condomínios de luxo foram todos fechados e se transformaram em ruínas.

Brickell, claro, estava situado às margens da baía de Biscayne, pouco acima do nível do mar. A poucos quilômetros, no interior, a terra ainda está vários metros acima. Mas imagine-se morando onde eu moro, alguns quilômetros ao oeste de Homestead. Logo ao oeste estão os Everglades, portanto não podemos escapar nessa direção. Se eu andar de bicicleta para o leste em direção à costa, verei cada vez mais casas e negócios abandonados, assim como mais água empoçada, trazida pelas marés mais altas. Se continuar pedalando por mais alguns quilômetros, verei Miami Beach e Brickell, agora alagados de forma permanente, com água que já chega a vários metros de profundidade.

Os cientistas nos dizem que o mar continuará subindo durante o restante deste século e pelo século seguinte – ninguém sabe dizer em que medida ou por quanto tempo. Algum dia uma grande ressaca varrerá minha propriedade, ou talvez as dos meus filhos, se por algum motivo tolo eles decidirem ficar por aqui. É inevitável, não é? O que faria qualquer pessoa sã? Iria embora, se pudesse. E a maioria já foi. Nós, Wanlesses, pertencentes a uma longa linhagem de orgulhosos floridenses, temos resistido ao máximo; mas logo estaremos na estrada com o que pudermos carregar, indo para um destino que não sei precisar. Em vinte ou trinta anos, o sul da Flórida estará quase completamente despovoado e daqui a um século ou mais terá retornado ao mar, de onde emergiu. Eles deveriam ter ouvido meu bisavô.

BANGLADESH:
A GEOGRAFIA COMO DESTINO

Nos primeiros anos do século, os cientistas previram que três países seriam especialmente vulneráveis à elevação do nível do mar: Egito, Vietnã e Bangladesh. Para entender a história de Bangladesh no século XXI, converso com o Dr. Mohammad Rahman, um meteorologista hoje na casa dos 80 anos. O Dr. Rahman conversou comigo de seu escritório, em Dhaka, em um inglês excelente, como, aliás, a maioria dos bangladeshianos de sua geração.

O senhor me perdoe se uma nuance de raiva se infiltrar em minhas respostas. É difícil ser bangladeshiano na década de 2080 e não sentir raiva, principalmente em relação aos países do Primeiro Mundo, como se costumava chamá-los. Primeiro em quê? Em arruinar o mundo para todas as pessoas? Quantos ocidentais sabem qualquer coisa sobre nossa história ou se importam conosco? Quantos sabiam que, na década de 2020, a economia de Bangladesh crescia rapidamente e nosso padrão de vida estava melhorando? Foi nesse período que o aquecimento global causado por vocês nos atingiu em cheio.

Nenhum país ilustra melhor a expressão que os falantes da língua inglesa costumam usar: "Geografia é destino." Nosso país se encontra espremido entre duas forças implacáveis da natureza: ao norte, onde avultam os Himalaias, estão as montanhas mais altas da Terra, além das geleiras e dos campos de neve que alimentam os grandes rios que descem para o mar. Ao sul está a baía de Bengala, no oceano Índico, assolada pelos ciclones mais mortíferos da Terra.

Os rios de Bangladesh transportam grandes quantidades de sedimentos, removidos das encostas dos Himalaias. Quando chegam às terras baixas e depositam esses sedimentos, criam o maior delta do mundo, uma vasta planície costeira de baixa elevação. Na virada do século, 80% de Bangladesh estava menos de 10 metros acima do nível do mar, e 20%, a menos de 1 metro. Imagine se, quando este século se iniciou, um quinto dos Estados Unidos estivesse menos de 1 metro acima do nível do mar! Seus políticos teriam cantado uma música diferente. Nós, bangladeshianos, tínhamos tantos rios e riachos que criamos um ditado: "Não há uma única aldeia sem um rio ou um riacho, um trovador ou um menestrel." Agora que nossos rios secaram, nossos poetas e trovadores se calaram.

O senhor poderá ficar surpreso em saber que, no ano 2000, 1,3 bilhão de pessoas, inclusive nós, bangladeshianos, viviam nas bacias hidrográficas de dez grandes rios originários dos Himalaias. O derretimento das geleiras dos Himalaias alimentava os rios Ganges e Bramaputra, que supriam grande parte da água de Bangladesh. Cientistas climáticos nos disseram que as montanhas esquentariam mais rápido que as planícies e tinham razão. No início do século, as geleiras nos altos Himalaias recuavam entre 18 e 20 metros anualmente. A geleira Mingyong, no monte Kawagebo, um dos oito picos sagrados do budismo tibetano, foi uma das que encolheram mais rapidamente no mundo. Até cerca de 2040, em função da taxa de degelo mais acentuada, os rios alimentados por geleiras que drenam o flanco sul dos Himalaias alcançaram os maiores níveis já registrados na história, tornando as inundações uma preocupação imediata nossa. Mas, à medida que continuaram a derreter e minguar, as geleiras passaram a ceder cada vez menos água para os rios; começamos então a ter o problema oposto. Hoje, tanto o Ganges quanto o Bramaputra secam durante meses a cada ano, cortando drasticamente o fornecimento de água doce e aumentando o número de refugiados do clima oriundos de Bangladesh, que chegam a dezenas de milhões. Esse ciclo de enchentes seguidas por secas tem se repetido em todas as nações que dependem de rios alimentados por degelos glaciais. O senhor, com certeza, deverá entrevistar outras pessoas que lhe contarão a mesma história lamentável.

Em 2050, o nível global do mar já subira quase 1 metro. Como grande parte de nossa terra estava próxima do nível do mar, essa elevação e ressacas violentas custaram a Bangladesh um quarto de seu território. Os ciclones tropicais (que vocês chamam de furacões) haviam se tornado mais intensos e alcançavam muito mais áreas do interior. O nível do mar mais alto e as ressacas não só ensejaram mais prejuízos e mortes como também permitiram que a água salgada contaminasse nosso lençol freático. Muitas vezes tivemos de abandonar campos situados a 40 quilômetros da costa. A perda de terras por conta da erosão e o envenenamento por água salgada reduziram em dois terços nossa produção de arroz. Safras também foram perdidas na Austrália e em outros países do Sudeste Asiático, deixando o arroz indisponível para importação, mesmo se tivéssemos dinheiro para comprá-lo – e o arroz é o alimento básico em Bangladesh. Seguiu-se uma fome generalizada e muitos tentaram deixar o país, acreditando ou tendo a esperança de que seriam aceitos pela Índia e outras nações vizinhas.

Mesmo antes do aquecimento global, enchentes e tempestades desabrigavam até 6 milhões de bangladeshianos por ano. Muitos emigravam ilegalmente para favelas decrépitas e miseráveis na Índia. No início, o governo indiano fez vista grossa. Mas na década de 1980, como os números aumentavam, a Índia decidiu construir sua "Grande Muralha", uma cerca de aço ao longo de toda a fronteira com Bangladesh, ou seja, com 4.100 quilômetros de comprimento. Talvez tenha sido isso que deu ao governo dos Estados Unidos a ideia ignorante e impraticável de construir uma barreira ao longo da fronteira com o México. O muro Índia-Bangladesh custou muito dinheiro e teve poucos resultados. Duvido de que tais barreiras possam deter pessoas desesperadas. Neste século, porém, nenhum muro conseguiria resistir ao ataque – a pressão literal – de centenas de milhares, ou até milhões, de refugiados climáticos para os quais cruzar a fronteira não significa apenas um caminho para uma vida melhor, mas um caminho para a vida.

Em meados do século havia 25 milhões de refugiados do clima oriundos de Bangladesh; hoje estima-se que sejam 50 milhões e o número continua a crescer. A maioria não tem como ganhar a vida nem lugar para morar, exceto em funestos campos de refugiados. A má qualidade da água, a elevação das temperaturas, o aumento do número de mosquitos transmissores de doenças e as condições sanitárias insuportáveis têm provocado surtos de cólera, disenteria, tifo e febre amarela. Por algum tempo, seu país e outros nos enviaram ajuda. Mas, com o passar dos anos, vocês ficaram sem dinheiro – ou talvez sem interesse – e deixaram de fazê-lo. Agências humanitárias internacionais, como a Cruz Vermelha, o Crescente Vermelho e a Médicos Sem Fronteiras, há muito fecharam suas portas. Neste século, é cada país por si e que se dane o que ficar para trás – e aquele que mais ficou para trás parece ter sido Bangladesh.

Nossa população alcançou cerca de 170 milhões de pessoas em 2025. Hoje ninguém sabe ao certo quantos restam, mas especialistas acreditam que somos menos de 75 milhões. Como devemos chamar o que aconteceu a Bangladesh e ao mundo? Não podemos usar a palavra "genocídio", pois todas as nações e raças sofreram, o aquecimento global não foi premeditado. Entretanto, também não podemos dizer que foi acidental. As nações do mundo receberam um aviso legítimo, mas seus líderes permaneceram parados e deixaram isso acontecer. Não apenas as nações do Primeiro Mundo, mas países como a China e a Índia – nossos vizinhos – também falharam.

Os americanos não podem negar que sabiam o que aconteceria a Bangladesh quando grandes ciclones chegassem aos mares elevados pela Terra mais quente. Em dezembro de 2008, há mais de 75 anos, sua Universidade da Defesa Nacional realizou um estudo para examinar os efeitos potenciais de enchentes que obrigassem centenas de milhares de bangladeshianos a migrar para a Índia. O estudo previu que os efeitos seriam conflitos religiosos, disseminação de doenças contagiosas e danos generalizados à infraestrutura, exatamente o que ocorreu. Mas a intenção do estudo não era mostrar como proteger Bangladesh; era determinar as implicações estratégicas de tais inundações nos Estados Unidos, como se fôssemos ratos de laboratório. Aqueles que foram os maiores responsáveis pelo aquecimento global simplesmente lavaram as mãos, ignorando os habitantes do que vocês chamavam pejorativamente de "Terceiro Mundo". Nosso sangue mancha as mãos de vocês e o tempo jamais removerá essa nódoa. Mas agora vocês estão sentindo o gosto do remédio que nos forçaram a engolir.

ADEUS, NOVA ORLEANS

O Dr. Maurice Richard foi professor de geologia na Universidade de Louisiana em Lafayette e é um dos maiores especialistas na história de Nova Orleans e suas enchentes. Sua família cajun (de origem francesa) veio para a área ao oeste de Nova Orleans em 1765, após a grande deportação que se seguiu à Guerra Franco-Indígena. Nós nos encontramos em um passeio de barco pelas ruínas de Nova Orleans.

Dr. Richard, grande parte de Nova Orleans está permanentemente embaixo d'água. Ainda que os fundadores da cidade não pudessem ter previsto o aquecimento global, é difícil entender por que eles consideraram a foz do rio Mississippi um lugar seguro para construir uma grande cidade.

Lembre-se de que os povos que colonizaram a América não tinham nenhuma vivência no continente nem encontraram qualquer história escrita para orientá-los. Desconheciam a frequência dos furacões e das inundações do Mississippi. Mesmo se conhecessem, presumiriam que o rio e o golfo se comportariam no futuro como no passado. Ou seja, o nível do rio Mississippi aumentaria em determinados anos e diminuiria em outros, mas permaneceria dentro de seus limites históricos, e as zonas úmidas continuariam a proteger das tempestades o sul da Louisiana. Haveria marés extremamente altas e baixas, mas o mar se estabilizaria e, a longo prazo, o nível do mar permaneceria o mesmo. *Plus ça change, plus c'est la même chose* (Tudo que vai volta). Hoje, gostaríamos que essa frase fosse verdadeira.

Para os nativos americanos e para os primeiros colonizadores deste continente, um delta fluvial oferecia muitas vantagens: suprimento contínuo de água; solo excepcionalmente fértil; acesso ao oceano a jusante e aos assentamentos nas margens a montante; peixes e mariscos em abundância; e por aí vai. Foi assim que surgiram, além de Nova Orleans, Alexandria, Belém, Rangum, Roterdã, Saigon, Xangai, Tianjin e outras cidades. No entanto, os deltas sempre foram lugares arriscados para se erigirem construções por conta de enchentes que descem os rios, ressacas que sobem os rios e terras que afundam continuamente, as quais são mantidas acima da água apenas por novos sedimentos trazidos pelo rio.

Mas os novos sedimentos nem sempre vão parar no mesmo lugar que os anteriores. Em um delta, novos canais se formam e antigos canais se fecham constantemente, de modo que a paisagem de um delta está sempre em mutação. Mas uma cidade não pode subsistir em meio a canais e sedimentos instáveis; é preciso que seu rio, com seus sedimentos, permaneça em um mesmo lugar. Então constroem-se diques para fixá-lo. O rio se torna um prisioneiro, mas com tempo e energia ilimitados. Nunca para de tentar escapar; não neste ano, nem no próximo ou nos próximos 10 mil anos. Entretanto, por mais que demore, o rio acabará escapando. Para manter preso esse artista da fuga, mesmo que temporariamente, as sentinelas não podem baixar a guarda nem por um segundo. Abandonando as metáforas: construir uma cidade em um delta é apostar em que podemos vencer a natureza em seu jogo e fazê-lo indefinidamente. Trata-se de uma aposta que estamos fadados a perder.

Pessoas que não pensavam muito nas consequências de uma elevação do mar pareciam acreditar que o principal efeito seria que, com o aquecimento global, a água de suas praias favoritas lhes chegaria até os joelhos, digamos, em vez de até os tornozelos. Não seria muito ruim. Mas o terreno dos deltas geralmente apresenta declives de não mais que 1%: 30 centímetros, verticalmente, para cada 30 metros de distância lateral. Nesse tipo de gradiente, quando a água chegar aos joelhos, já terá se estendido para o interior em mais 45 metros. A praia encolherá e, com o tempo, desaparecerá. Grandes ressacas empurrarão o mar ainda mais terra adentro. As pessoas deveriam ter se concentrado não só na elevação vertical do nível do mar, mas também na distância a que mares mais elevados empurrariam a água para o interior – e qual seria o efeito disso nas cidades costeiras.

Por que Nova Orleans era particularmente vulnerável?

A localização em um delta foi um ponto contra Nova Orleans. Mas houve outros dois. Pense na família de grandes tempestades que atingiu a costa do golfo apenas na segunda metade do século XX: Flossy, Betsy, Camille, Juan, Andrew e Georges. Nova Orleans se situava em uma área de grandes furacões que, segundo os cientistas, seriam cada vez mais fortes. Foi o que aconteceu.

O lago Pontchartrain, que formava o limite norte de Nova Orleans, era o terceiro ponto negativo. Tinha apenas cerca de 4 metros de profundidade e sua superfície estava pouco acima do nível do mar. Portanto, era vulnerável a tempestades vindas do golfo do México, nas vizinhanças. Nos tempos antigos, diques impediam a água do lago de transbordar para a cidade. Mas o Pontchartrain era um desastre à espera de ocorrer.

Em 2005 manifestou-se um furacão que todos temiam que seria o maior de todos, embora tenha chegado ao continente apenas como categoria 3. O Katrina danificou enormemente Nova Orleans. Tanto que algumas pessoas, inclusive o presidente da Câmara dos Representantes, disseram que os Estados Unidos deveriam simplesmente abandonar a cidade. Mas isso nunca esteve em pauta. Desistir de uma das cidades históricas mais importantes do país não fazia parte do espírito americano. Presidentes e senadores só tiveram uma escolha: reconstruir Nova Orleans – e deixá-la melhor do que nunca.

Em 2015, o Corpo de Engenheiros do Exército gastou cerca de 15 bilhões de dólares com a reparação de diques e a construção de novas estruturas para proteger Nova Orleans. Tudo em nome da "proteção contra enchentes", expressão que muita gente achou otimista demais.

A população da área metropolitana de Nova Orleans diminuiu logo após o Katrina, mas voltou rapidamente a ser quase o que era antes, em parte por conta das proteções prometidas. Tenho um antigo artigo de jornal daquela época em que uma das cantoras famosas de Nova Orleans, Irma Thomas, resume a atitude dos teimosos residentes da cidade: "Quando alguém se muda para Nova Orleans, sabe que está abaixo do nível do mar. Sabe que a cidade é como um aquário e está ciente das possibilidades. Então decide que é aqui que quer morar."

Nenhuma das características geológicas e hidrológicas do delta mudou; isso porque elas mudam em uma escala de tempo geológica, não humana. O delta do rio Mississippi continuou a encolher e afundar, em grande parte porque as represas a montante retinham mais da metade dos sedimentos que antes desciam pelo rio. Diques com paredes altas impediam que os sedimentos se espalhassem e reabastecessem o delta, deixando que o rio os despejasse no Golfo, o que em nada beneficiava Nova Orleans. Quase meio hectare de pântanos, no sul da Louisiana, continuou desaparecendo a cada 24 minutos.

Durante o século XX, Nova Orleans afundou 1 metro e, neste século, continuou a afundar. Afundamento da terra e elevação do nível do mar – uma combinação fatal. Na virada do século, cientistas da Universidade Estadual da Louisiana projetaram que, em 2090, a costa do golfo já teria avançado para o norte até engolir o centro de Nova Orleans. Em outras palavras, após essa data, Nova Orleans seria parte do golfo do México, não parte da Louisiana. O perigo constante – ou, como alguns realistas viam, a inevitabilidade – era que, além da elevação do nível do mar e do afundamento do delta, outro furacão chegasse e desferisse o golpe de misericórdia em Nova Orleans. Como o senhor pode ver olhando ao redor, essas previsões, em sua maioria, estavam corretas.

A temida tempestade chegou em meados de setembro de 2048. Se tivesse ocorrido algumas décadas antes, quando as águas do golfo eram mais frias, teria sido classificada provavelmente como categoria 2 em vez de categoria 4, para a qual foi promovida pelos mares mais quentes. O nível do mar mais baixo, a existência de áreas úmidas e ilhas-barreiras ajudariam a proteger a cidade.

Começando a vida como categoria 2, o furacão 2048-9 seguiu um caminho familiar para os conhecedores de furacões: o de uma tempestade da categoria 4 que atingiu Nova Orleans em 1915. A exemplo daquela tempestade, o 2048-9 chamou atenção pela primeira vez nas proximidades de Porto Rico. À medida que se movia para o oeste, como a maioria dos furacões do golfo, começou a se desviar para o norte. Passou então entre o oeste de Cuba e a península de Iucatã, onde as águas mais quentes do golfo o encorparam para a categoria 4. Os meteorologistas previam que tinha 50% de chance de chegar a Nova Orleans. O furacão atingiu a costa a leste da baía de Atchafalaya e prosseguiu na direção nordeste, com seu centro passando 24 quilômetros ao oeste do centro da cidade. As águas trazidas pela tempestade, por sua vez, avançaram terra adentro até os limites urbanos, impulsionadas por ventos de 250 quilômetros por hora. Em alguns casos, chegaram a entrar em Nova Orleans. Muitos dos diques supostamente reforçados se romperam, alagando vários distritos. O lago Pontchartrain transbordou ao oeste e se espraiou para a área central da cidade, submergindo Nova Orleans em vários metros de água.

A inundação de Nova Orleans teve grande efeito psicológico no mundo inteiro. Seu destino demonstrou que qualquer cidade portuária seriamente danificada por enchentes teria de ser abandonada, já que era grande a probabilidade de outra tempestade, igual ou maior, sobrevir. À medida que os mares subiam, o dinheiro e a confiança – por favor, enfatize essas palavras – para reconstruir as cidades costeiras se esgotavam. Para muitos, se Nova Orleans não podia sobreviver, a vida nos litorais também não poderia. Como sempre, a importância de Nova Orleans ultrapassou seu tamanho. Nunca haverá outra cidade igual.

TRÊS GARGANTAS

Wang Wei é um engenheiro aposentado que em 2032 trabalhava na imensa Represa das Três Gargantas, na província chinesa de Hubei, quando insurgentes destruíram a barragem e provocaram a maior enchente da história da humanidade. Entrevistei Wang na casa de sua filha, em Chongqing.

Engenheiro Wang, fale-nos sobre a história da Represa das Três Gargantas e o ataque dos uigures.

Comecei minha carreira na represa logo após ter obtido meu diploma na Universidade do Sul da Califórnia, em 2025. A Represa das Três Gargantas foi terminada em 2006 e, na época, foi o maior projeto já construído na China. Tinha cerca de 2,35 quilômetros de comprimento. Quando cheio, seu reservatório comportava aproximadamente 40 trilhões de litros de água. Três Gargantas, candidata a ser o maior projeto jamais construído pelo homem, era motivo de imenso orgulho nacional na China. Trabalhar lá era o sonho de qualquer engenheiro.

Na época de sua construção, autoridades chinesas informaram que a represa custara 25 bilhões de dólares americanos e exigira que o governo reassentasse 2 milhões de pessoas. Mas nós, que trabalhávamos lá, sabíamos que essas declarações não eram verdadeiras. O custo real deve ter sido perto de 100 bilhões de dólares e o número de pessoas reassentadas deve ter girado em torno de 20 milhões. Mas, por conta dos covardes uigures, tudo isso não serviu para nada.

Algo tão grande com certeza afetaria o meio ambiente. Portanto, não foi surpresa para nós, engenheiros, que milhares de deslizamentos de terra começassem a ocorrer nas encostas íngremes acima da represa. Achamos que a pressão do enorme volume de água havia desestabilizado o solo e causado os desmoronamentos. Temíamos que um terremoto provocasse grandes deslizamentos para dentro do reservatório. Isso poderia deslocar a água, que transbordaria da represa, com o risco de destruí-la. Em nossas aulas, estudáramos algo parecido: o caso da Represa de Glen Canyon quando seus sangradouros falharam; as barragens poderiam ter se rompido, destruindo tudo que havia abaixo. Alguns de nós, estudantes chineses, chegamos a visitar o Grand Canyon e conhecemos a represa, o que foi um dos destaques da minha temporada nos Estados Unidos.

Xinjiang, lar dos uigures, é uma das regiões mais isoladas da Terra. Sua capital, Urumqi, fica mais distante do oceano que qualquer grande cidade do mundo. A província é também um lugar extremamente seco. Sem o rio Tarim, a maior parte de Xinjiang seria seca demais para ser habitada. E, sem a neve das montanhas e geleiras, o Tarim não existiria, pois um rio no deserto não obtém água pluvial suficiente para se sustentar. O derretimento de geleiras nas montanhas Cunlun e Tian Shan, que circundam a bacia do Tarim, fornece a maior parte da água transportada pelo rio. O Tarim já estava minguando na primeira década deste século e, por volta de 2010, apenas três dos seus nove afluentes ainda fluíam e dois deles secavam completamente durante parte do ano. Os uigures que viviam no deserto começaram a explorar aquíferos subterrâneos, uma estratégia que só funciona temporariamente. As pessoas sempre tiram um volume de água superior ao que as chuvas repõem, exaurindo o lençol freático e exigindo bombas cada vez maiores (e mais caras) para trazer água até a superfície. Assim, do ponto de vista uigur, o aquecimento global estava secando os rios e deixando fora do alcance a água subterrânea.

Para piorar as coisas, confesso, envergonhado, que nossas autoridades começaram a cortar a quantidade de água subterrânea que cedíamos aos uigures. Se você fosse um agricultor ou empresário uigur, receberia menos água que seu vizinho chinês. Tal injustiça fez com que os insurgentes uigures intensificassem suas atrocidades.

Na década de 2030, as autoridades chinesas tinham preocupações mais urgentes que o terrorismo uigur. Ignorando a pressão internacional para reduzir as emissões de gases de efeito estufa, abríamos uma nova usina movida a carvão todas as semanas, o que agravou nossa já terrível poluição. Em Pequim, nos primeiros anos do século, as pessoas frequentemente não avistavam os topos dos prédios altos nem o final do quarteirão – e, às vezes, nem mesmo os próprios sapatos. A taxa de mortalidade por doenças respiratórias disparou e tinha-se medo de sair de casa. Além da fumaça de carvão, o vento do deserto ao oeste soprava finas partículas de poeira sobre a cidade, piorando a qualidade do ar. Algumas dessas partículas espalhavam-se por todo o Pacífico e pousavam nas montanhas Rochosas, do seu país, onde absorviam calor e faziam a neve derreter mais rápido. Além disso, os chineses detêm o maior índice de tabagismo do mundo. Nossa taxa de mortalidade geral começou então a disparar, como se tivéssemos um plano quinquenal para envenenarmos a nós mesmos.

Mas estou me afastando da história. Na velhice, a mente vagueia. O que quero dizer é que, com o passar do tempo, o governo chinês não podia se dar ao luxo de gastar tempo e recursos com os uigures. Xinjiang era muito longe de Pequim, uma terra inóspita que estava ficando sem água. O aquecimento global era um problema muito maior que os uigures, ou assim pensávamos.

Lembre-se de que, com o aquecimento global, as geleiras dos Himalaias derreteram rapidamente nos primeiros anos do século. A vazão do Yangtzé e de outros rios chineses subiu. No final da estação chuvosa de 2032, o reservatório de Três Gargantas estava cheio até a borda com água de degelo. Nossas forças de segurança aumentaram sua vigilância, temendo que os uigures ou algum outro grupo – os taiwaneses, por exemplo – tentassem explodir a represa. Mas os uigures eram espertos demais para montar um ataque tão direto.

Não vimos razão para proteger as colinas íngremes que margeiam o reservatório acima da represa. Ninguém estava interessado nelas, exceto os engenheiros e geólogos que tentavam prever quando e onde ocorreria o próximo deslizamento – ou assim pensávamos. Ninguém notou os recém-chegados que apareceram nas colinas acima de Três Gargantas.

O que os uigures estavam tramando? Certa noite, em setembro de 2032, descobrimos. Os rebeldes esconderam dezenas de cargas de dinamite em pontos estratégicos das colinas mais instáveis acima da represa. E explodiram todas de uma vez. A explosão nos acordou em nossos dormitórios, na cidadezinha de Sandouping, a poucos quilômetros da represa. Nosso primeiro pensamento foi que alguém tentara explodir a própria represa, mas um telefonema afastou esse medo.

As explosões de dinamite provocaram centenas de deslizamentos de terra que, indiretamente, provocaram outros tantos onde as encostas já eram instáveis. Milhões de toneladas de terra e rochas caíram no reservatório cheio. Uma onda com mais de 100 metros de altura se ergueu ao longo do reservatório, como água que espirrasse de uma banheira de gigantes.

Vale lembrar que Três Gargantas era a maior represa do mundo e estava localizada no terceiro maior rio do mundo. Sua construção exigiu diversas tecnologias experimentais, entre elas enormes sangradouros submersos. Nossos engenheiros não podiam testar todos com antecedência – muitas vezes precisávamos colocá-los em funcionamento para depois executar os testes. Ninguém sabia como os sangradouros se comportariam se seus volumes máximos fossem ultrapassados. Antes do ataque, a enchente daquele verão obrigara os operadores a abrir ao máximo as comportas dos sangradouros, mas eles começaram a vibrar muito. Temendo que se rompessem, os operadores os fecharam parcialmente, deixando sair menos água. Foi o momento que os uigures esperavam: um reservatório cheio com os sangradouros parcialmente fechados.

Quando as ondas provocadas pelas explosões alcançaram a represa, não havia espaço nos sangradouros para a água adicional, que se acumulou no paredão e começou a subir. Como os sangradouros, em tese, deveriam evitar o transbordamento, não havia dispositivos que protegessem o topo do reservatório. Tão logo vazou, a água destruiu imediatamente a usina e começou a desbastar o que, logo ficou claro, era um ponto fraco no concreto da represa. O mundo inteiro pôde assistir ao evento pela televisão. Foi um momento terrível para os chineses – sem dúvida, o pior momento em um país com histórico de desastres naturais.

Nós, engenheiros, sempre nos preocupamos com a qualidade do concreto da barragem, pois sabemos que os empreiteiros chineses costumam usar materiais inferiores às especificações. O ponto fraco se tornou uma fenda larga e profunda, permitindo que mais água fluísse e mais erosão ocorresse – tudo acontecendo em uma questão de minutos. Quando a fissura atingiu a base da barragem, um bloco tão alto quanto um prédio de 25 andares se desprendeu e despencou no Yangtzé. Agora sem nada que os contivesse, os 40 trilhões de litros de água começaram a correr rio abaixo.

Uma gigantesca parede de água desceu pelo Yangtzé, varrendo

tudo que havia pela frente. À medida que destruía cada barragem a jusante, a onda aumentava, espraiando-se quando fluía pelas planícies e se elevando novamente ao passar pelas estreitas gargantas rio abaixo. A onda destruiu Wuhan, Nanjing e grande parte das regiões do interior próximas a Xangai. O número estimado de mortos foi de 100 milhões, mas os danos à infraestrutura e ao moral da China foram incalculáveis.

Além da terrível perda de vidas e propriedades, a destruição de Três Gargantas teve outra consequência infeliz: sem a energia produzida pela represa, a China passou a depender ainda mais do carvão, o que gerou ainda mais poluição e, consequentemente, mais problemas de saúde. Gerou também um *pogrom* contra os uigures, que o governo prendeu às dezenas de milhares – homens, mulheres e crianças – e enviou para campos de extermínio, nos quais morreram de fome ou foram executados. Em 2040 não havia mais nenhum uigur vivo na China.

PARTE 3
ELEVAÇÃO DO NÍVEL DO MAR

A PÉROLA DO MEDITERRÂNEO

O Dr. Anwar Shindy, natural de Alexandria, é ex-ministro de Antiguidades do Egito. Falei com ele em sua residência, na cidade de Assuã. Dr. Shindy, quanto tempo sua família passou em Alexandria?

Nossa família viveu lá continuamente desde o século XII. Éramos mercadores, embora no século passado alguns tenham estudado em universidades e se tornado profissionais liberais. Alexandre, o Grande fundou a cidade em 331 a.C. e a batizou com seu nome. Na Antiguidade, Alexandria foi o elo entre as civilizações da Grécia e do Egito. Cleópatra nasceu lá. Em seu apogeu, a cidade só ficava atrás de Roma em termos de poder e maravilhas arquitetônicas. Entre elas, a maior e mais conhecida talvez tenha sido o Farol de Alexandria – erguido na ilha de Faros e encimado por uma estátua de Hélio –, que foi considerado uma das sete maravilhas do mundo antigo. Durante séculos essa foi a estrutura mais alta do mundo, depois de nossas mundialmente famosas pirâmides. Mas prédios altos são um convite a inimigos naturais e, no século XIV, dois grandes terremotos derrubaram o farol. Alexandria ostentava também a maior biblioteca do mundo antigo, que acabou destruída por um incêndio.

Gregos, romanos, persas, franceses, ingleses e árabes invadiram Alexandria, mas sempre sobrevivemos a eles. Conhecemos desastres naturais e conquistadores humanos. Agora enfrentamos o mar; talvez seja o único conquistador que não conseguiremos vencer.

No ano 2000, Alexandria era a segunda maior cidade do Egito e respondia por quase metade da produção industrial do país. Cerca de 4 milhões de pessoas moravam lá e mais 1 milhão nos visitava no verão para desfrutar as praias e águas mornas do Mediterrâneo. Contudo, como muitas cidades costeiras aprenderam, Alexandria estava segura somente enquanto o mar permanecesse onde sempre esteve desde a Antiguidade.

A exemplo de outras cidades em estuários, como Nova Orleans, Alexandria se encontra parcialmente abaixo do nível do mar, protegida por diques e quebra-mares. A Represa de Assuã retém 90% dos sedimentos que descem do alto Nilo, bloqueando a recomposição do estuário e o levando a afundar, exatamente como em Nova Orleans. Com o solo descendo e o mar subindo, grandes ressacas empurram água salgada terra adentro, uma história hoje familiar no mundo inteiro.

No início deste século, especialistas consideravam o Egito um dos países mais vulneráveis ao aquecimento global. Para entender a vulnerabilidade de Alexandria, bastava um mapa topográfico que indicasse a elevação do litoral: 1 metro. Exatamente a medida que nossos cientistas nos diziam que o mar Mediterrâneo subiria em algum momento próximo ao final do século. Há dois anos já ultrapassou esse ponto. Água salgada cobre agora um terço de Alexandria, em sua parte costeira. Quase 2 milhões de pessoas abandonaram a cidade, fixando-se principalmente no Cairo – que já estava superpovoado –, a ponto de quase impossibilitar a vida lá. Eu preferi Assuã, mais próxima às origens de nossas antiguidades.

Com base em sua leitura da história, como os moradores de Alexandria reagiram ao saber que o nível do mar subiria 1 metro até 2100?

No início, eles negaram o aquecimento global, que muitos leigos e alguns demagogos diziam ser uma farsa – tal como em seu país.

De qualquer forma, o que nós, egípcios, poderíamos ter feito para evitá-lo? Produzíamos pouco mais de 0,5% do total de emissões de CO_2. Portanto, nem mesmo a paralisação total de nosso país teria feito diferença em escala global. Alguém calculou na época que a China emitia em dez dias tanto quanto o Egito em um ano.

Quando o dióxido de carbono, a temperatura e o nível do mar aumentaram em níveis suficientes para provar que o aquecimento global era uma realidade e que o Mediterrâneo subiria e invadiria Alexandria, os egípcios ficaram furiosos, sobretudo com os verdadeiros poluidores: Estados Unidos, China, Índia e alguns outros. Ainda que o discurso não fizesse sentido, alguns de nossos clérigos mais radicais bradaram que o aquecimento global fora algo deliberadamente perpetrado pelo Grande Satã, os Estados Unidos, para destruir países muçulmanos e árabes. Para as organizações terroristas islâmicas, o aquecimento global se mostrou um recrutador ainda maior que as guerras dos Estados Unidos no Iraque, Afeganistão, Síria e Irã. É claro que, no decorrer do século, viagens internacionais se tornaram tão difíceis que os terroristas já não conseguiam se movimentar como antes entre países. Muitos, então, dirigiram sua raiva e seu fanatismo contra os próprios líderes. Devo dizer que várias ditaduras cruéis, como a dos sauditas, mereceram o que lhes aconteceu, independentemente das motivações.

Quando nós, egípcios, percebemos que o aquecimento global estava em curso, que faria o que os conquistadores de outrora não haviam conseguido, que éramos impotentes para evitá-lo e que não importava de quem era a culpa, uma depressão nacional se instalou em nosso país – uma pandemia de derrotismo da qual ninguém conseguia escapar. Todos os indicadores da saúde de uma sociedade pioraram: suicídios, divórcios, vícios e crimes de todo tipo. Os índices de falência aumentaram e a expectativa de vida caiu. Uma desesperança terrível e terminal desabou sobre o Egito. Mas o que realmente extinguiu nosso ânimo foi a crescente compreensão de que, por pior que estivessem as coisas, elas iriam piorar mais. O nível do mar não deixaria de subir em 2100 – e nenhum cientista ou supercomputador saberia dizer quando ou se isso aconteceria. Sabíamos que Nova Orleans estava quase toda submersa. O que poderia impedir que o mesmo acontecesse com Alexandria?

É claro que todo mundo, em toda parte, passou pelo mesmo ciclo de emoções. Um de nossos psicólogos escreveu, há muito tempo, que há diversos estágios de tristeza; se não me engano, são a negação, a raiva, a assimilação, a depressão e a aceitação. Acho que hoje podemos fundir as duas últimas, pois aceitar o que está por vir é tornar a depressão o estado normal da condição humana.

Alexandria e o próprio Egito sobreviveram muito mais tempo que a maioria das cidades e nações. Mas finalmente encontramos um inimigo que certamente nos derrotará. Moléculas invisíveis no ar estão conquistando agora o que nem mesmo os Césares conseguiram.

UMA ÁREA CONDENADA I

Encontrei-me hoje com o Dr. Ted Black, que era professor de geografia costeira na Universidade da Carolina do Sul antes do fechamento da instituição, em 2060, por falta de arrecadação. Dividi esta longa entrevista em dois capítulos.

Dr. Black, sei que sua família tem profundas raízes na Carolina do Sul e em Myrtle Beach. Conte-me o que levou sua família e tantas outras à costa atlântica.

Sim, nossas raízes são antigas. Permita-me começar dizendo que estou feliz em falar com você sobre nossa experiência, embora isso seja doloroso. Myrtle Beach é um caso clássico, ou o típico exemplo, do abandono dos litorais que marcou a segunda metade deste século e está literalmente mudando o mapa do mundo.

Desde a Antiguidade, as pessoas sempre quiseram morar perto do mar. Nos tempos antigos, por razões práticas: a disponibilidade de peixes, um clima muitas vezes ameno e – depois que os vikings nos mostraram como navegar para longe e voltar para casa – um lugar para se fazer ao mar. No início deste século, cerca de metade da população mundial vivia a, no máximo, 100 quilômetros da costa, nas mesmas áreas que a elevação do nível do mar colocaria em risco.

Ao longo do último século, as pessoas que optaram por viver no litoral não podiam saber que o passado jamais voltaria a ser um bom guia para o futuro. Pensavam, e fazia sentido, que o nível do mar subiria e cairia, como sempre acontecera, mas a longo prazo manteria sua média. Dito isso, vale conjeturar se, mesmo informadas de que o mar continuaria subindo, isso faria diferença para elas. Afinal, sempre construíram suas casas em planícies aluviais, convencidas de que não ocorreria outra enchente durante seu tempo de vida ou que, caso ocorresse, elas sobreviveriam.

Cinco gerações atrás, em 1958, minha família comprou uma casa de praia na área Garden City de Myrtle Beach. A história familiar revela que custou 35 mil dólares, o que era muito dinheiro na época. A Casa Negra, como a chamávamos de brincadeira, permaneceu com nossa família quando minha irmã e eu nos mudamos: eu fui para a universidade e ela conseguiu um emprego no Serviço Nacional de Parques. Meu pai continuou a morar na casa muito depois de nossos vizinhos terem desistido e ter passado a época em que deveria tê-la vendido.

Posso resumir a história de Myrtle Beach dizendo que, em 2025, o valor da casa havia subido para cerca de 400 mil dólares. A partir daí começou a decrescer, mas meu pai se recusou a vendê-la. Depois que ele morreu, minha irmã e eu não conseguimos encontrar comprador por preço nenhum e tivemos de abandonar o lar de nossa família. Olhar para a casa pela última vez enquanto me afastava de carro é uma das lembranças mais tristes que tenho. Hoje, todas as casas do nosso antigo bairro desapareceram.

Talvez, dada a história de sua família, não seja por acaso que o senhor tenha escolhido a geografia costeira como especialidade acadêmica. Conte-me como o nível do mar subiu ao longo dos séculos XX e XXI, e que efeito isso teve na vida ao longo da costa.

Tudo bem. Deixe-me ver se consigo abordar o assunto como um estudioso em vez de falar como uma vítima ainda pesarosa após todos esses anos.

À medida que os indícios do aquecimento global causado pelo ser humano se acumulavam a cada ano, os negacionistas das mudanças climáticas tentaram menosprezá-los de todas as formas. Alegavam que o aumento das temperaturas era causado pelo Sol, que os cientistas falsificavam dados e assim por diante. Diziam que o clima estava sempre mudando, que nem todos os cientistas estavam de acordo e outras bobagens. Mas, quando sua praia favorita está com a metade do tamanho que tinha e as marés avançam mais para terra a cada ano, a negação deixa de ser uma possibilidade. Alguns dos políticos da Carolina do Sul também possuíam propriedades na praia – bem feito para os pilantras.

Sabemos que quando as últimas geleiras da Era do Gelo começaram a derreter, cerca de 20 mil anos atrás, o nível do mar subiu mais de 120 metros. Isso deveria ter nos dado uma pista de como o derretimento das calotas polares e das geleiras pode ser perigoso. Mas, é claro, nossos chamados líderes não perceberam nada nem prestariam atenção ao fato caso fossem alertados.

Há cerca de 6 mil anos, o derretimento praticamente terminou e o nível do mar pós-glacial se estabilizou. Isso durou até o ano 1800, aproximadamente, e o advento da Revolução Industrial, quando o dióxido de carbono começou a ser expelido para o ar, elevando as temperaturas globais. Desde então, o nível do mar recomeçou a subir e não parou mais. E não vai parar tão cedo, pelo que se pode ver.

Até a década de 1990, os cientistas mediam o nível do mar usando mareógrafos. Então surgiram os satélites, que, com dados mais abrangentes e precisos, demonstraram que o nível do mar subia de modo irregular, porém implacável. Em 2020, a elevação era de aproximadamente 30 milímetros por ano. Mas estava se acelerando, como os cientistas perceberam graças à precisão das medições por satélites. A cada ano, o nível dos mares aumentava sempre mais que no ano anterior. Quando os cientistas levaram em conta essa aceleração, projetaram que em 2100 teria subido quase meio metro acima de onde estava em 2005.

Isso me lembra um fato correlato que preciso destacar. Na virada do século, as projeções dos efeitos futuros do aquecimento global geralmente usavam como alvo o ano de 2100. O que fazia sentido – um ano-base se fazia necessário e o de 2100 era o mais óbvio. Mas seu uso criou uma falsa impressão na mente do público. Quando os cientistas disseram que o nível do mar iria subir determinada quantidade até 2100, a maioria das pessoas não mais pensou no futuro, não percebeu que o fenômeno continuaria a ocorrer. Muitos são condicionados a acreditar que tempos difíceis acabam e tempos normais retornam, tal como aconteceu após as Guerras Mundiais e a Grande Depressão. A escolha de um ano-base foi um dilema, pois se os cientistas tivessem escolhido 2200, digamos, o ano iria parecer tão distante que não teríamos de nos preocupar com o assunto. Vejo isso como uma das muitas armadilhas diabólicas do aquecimento global.

Na década de 2020, já sem nenhuma dúvida, qualquer morador do litoral da Carolina do Sul sabia que estava em perigo. Em outubro de 1954, pouco antes de meus ancestrais comprarem a casa de nossa família, o furacão Hazel atingiu Myrtle Beach. Hazel chegou no período da maré astronômica mais alta, trazendo ventos com mais de 160 quilômetros por hora e produzindo uma ressaca com ondas de até 5,5 metros, que arrasou muitas áreas da cidade.

Então, durante os 35 anos seguintes, Myrtle Beach teve algumas tempestades da categoria 1, que começaram fortes mas perderam velocidade à medida que viajavam por terra para chegar lá. Até que, em setembro de 1989, chegou a vez de Hugo, uma tempestade da categoria 4. Foi a pior do século na Carolina do Sul. Hugo viera pelo mar e ganhara velocidade ao se aproximar da costa, atingindo Isle of Palms, situada a nordeste de Charleston, a apenas 150 quilômetros de Myrtle Beach.

Hugo destruiu muitas casas e danificou outras, mas poucas pessoas se mudaram. Os furacões eram apenas fatos da vida e, graças ao Programa Nacional de Seguro contra Inundações, as pessoas tinham dinheiro para reconstruir suas moradias. Lembro-me de meu pai me dizendo que um de nossos vizinhos, um veterano, havia reconstruído a dele quatro vezes graças à ajuda federal. O programa – que subvencionava as pessoas para que vivessem onde quisessem em vez de onde deveriam – quebrou na década de 2020 e o Congresso o cancelou. Deveria ter feito isso algumas décadas antes.

Conte-nos o que aconteceu desde meados da década de 2020 até a época presente.

Bem, essa é a parte difícil. Tenho vergonha de dizer que, embora eu tivesse o conhecimento científico que nossos vizinhos não tinham, minha família não agiu cedo o bastante. Em todo caso, meu pai jamais se mudaria – seria preciso carregá-lo e, infelizmente, foi o que tivemos que fazer. Sempre me senti grato por ele não ter vivido para ver o que aconteceu com nossa casa. Isso o mataria se o câncer não o tivesse feito.

A primeira coisa a ser dita é que as pessoas receberam avisos de sobra sobre a elevação do nível do mar no litoral da Carolina do Sul. Em 2018, a antiga União dos Cientistas Preocupados publicou um estudo chamado *Underwater: Rising Seas, Chronic Floods, and the Implications for US Coastal Real Estate* (Submersos: mares em elevação, enchentes crônicas e suas implicações para os imóveis da costa dos Estados Unidos). Eu o desencavei para ler antes de nossa entrevista e também encontrei um artigo sobre o estudo no *Sun News*, que todo mundo na cidade leu. Não adianta pessoas da minha idade dizerem aos netos que não sabíamos. Nós sabíamos e eles sabem que sabíamos.

O jornal citou o relatório no trecho em que dizia que "até 2045, enchentes crônicas poderão inundar mais de 3 mil casas ao longo da costa e nas áreas mais baixas da Carolina do Sul", o que custaria cerca de 1,4 bilhão de dólares em valores imobiliários perdidos e mais de 11 milhões de dólares em impostos prediais cancelados. Nas previsões para 2100, esses números foram elevados para mais de 19 mil casas, e os valores imobiliários perdidos, para 6,9 bilhões de dólares. É claro, hoje sabemos que essas projeções, assim como quase todas as relacionadas ao aquecimento global, eram extremamente baixas.

A questão passou a ser qual efeito tais projeções e a crescente consciência da elevação do nível do mar teria sobre os preços e as vendas de imóveis. Os estudos da época chegaram a conclusões diferentes: uns diziam que o risco de inundações já começara a diminuir o valor das casas; outros, que não havia nenhuma relação de causa e efeito. Uma das explicações mais sucintas que li sobre o que estava acontecendo foi que "os pessimistas começaram a vender para os otimistas". Esse foi o primeiro sinal de alerta da iminente debandada mundial das regiões costeiras.

Saindo um pouco da minha área de especialização, chamo atenção para o seguinte: qualquer um que observe o quadro geral das primeiras três décadas poderá perceber que as pessoas eram simplesmente incapazes de receber informações ruins e fazer algo a respeito – mesmo quando os cientistas lhes diziam que o futuro de seus netos estava em jogo. Afirmamos que somos a única espécie ciente da existência de um futuro e que podemos agir com base nesse conhecimento; mas, geralmente, não o fazemos. Os negacionistas das mudanças climáticas continuaram a negá-las e as pessoas continuaram a votar neles, mesmo quando suas ruas começaram a inundar.

Dr. Black, vamos fazer uma pausa aqui e retomar o assunto amanhã de manhã.

UMA ÁREA CONDENADA II

Vamos falar novamente da casa de sua família e do destino das regiões litorâneas em geral.

Comprar uma casa é normalmente a maior aquisição de uma família e a que constitui seu bem mais valioso. A compra de uma casa exige otimismo não só do comprador como também do credor e da seguradora. Essa questão me lembra de uma comparação que o economista John Maynard Keynes fez entre o mercado de ações e um concurso de jornal que mostrava fotos de cem mulheres e pedia aos leitores que escolhessem as seis mais bonitas (cabe lembrar que o fato se passou na década de 1930). O vencedor seria o participante cujas escolhas mais se aproximassem da preferência média dos leitores. Keynes destacou que a melhor estratégia não era escolher os seis rostos que o leitor achasse mais bonitos, mas os que imaginasse que os outros leitores escolheriam. Da mesma forma, tentar aferir o que acontecerá a determinado mercado imobiliário não depende tanto da sua opinião, mas de qual, no seu entender, será a opinião dos outros. Se acreditarem que o nível do mar vai subir, ou mesmo se quiserem apenas proteger suas apostas caso isso aconteça, as pessoas estarão menos inclinadas a comprar propriedades à beira-mar e, caso o façam, oferecerão valores abaixo do preço estipulado.

Houve uma época em que os economistas diziam "Somos todos keynesianos agora", pois quase todos aceitavam as teorias econômicas de Keynes. Na década de 2040, éramos todos pessimistas a respeito das propriedades costeiras, pois havia muitos vendedores e poucos compradores.

Na década de 2020, os primeiros sinais de mudança no mercado imobiliário de Myrtle Beach se fizeram notar. O mapeamento baseado em GPS havia se tornado tão preciso que compradores, seguradoras e credores tinham uma ideia muito melhor a respeito de quais propriedades eram mais propensas a sofrer inundações. Qualquer um podia olhar na internet e ver exatamente onde sua casa se situava em relação à chamada enchente de cem anos. E o risco de inundação tinha de ser informado aos compradores em potencial. Um estudo de âmbito nacional da época descobriu que quanto maior fosse a elevação de uma propriedade à beira-mar, maior seria seu preço de venda.

Outro sinal precoce de uma mudança no mercado imobiliário foi que as vendas de segundos imóveis e daqueles pertencentes a investidores começaram a aumentar – por parte de vendedores pessimistas ou talvez realistas. Era o chamado dinheiro esperto ou, se não esperto, pelo menos desligado emocionalmente de alguma propriedade à beira-mar. Isso também aconteceu em Myrtle Beach, o que nosso jornal tratou de informar a todos. As atitudes então começaram a mudar de otimistas para neutras e, depois, para pessimistas. Meu pai não era o mais educado e certamente não era o mais rico. Seu apego familiar à Casa Negra era profundamente arraigado e, embora eu tenha lhe apontado os fatos, ele nunca admitiu a venda.

Na década de 2020, os furacões foram se tornando mais intensos, ainda que não mais numerosos. Em Myrtle Beach, o que antes seria uma tempestade da categoria 1, ou a parte final de uma tempestade mais forte que arrefecera durante a viagem terrestre, pertenceria agora à categoria 1,5 ou, mais provavelmente, à categoria 2. Como resultado, as ressacas avançavam mais terra adentro, adicionando um novo flagelo ao efeito direto de ruas alagadas e praias estreitadas.

Então, em 2030, o jornal local de Myrtle Beach publicou um artigo cujo gráfico exibia: (a) o número de casas no mercado; (b) o número de vendas; e (c) o preço médio remontando a 1990. A categoria (a) crescia exponencialmente, enquanto a (b) e a (c) decresciam correlatamente. Era impossível não entender a mensagem: venda agora ou se arrisque a não conseguir vender.

No dia seguinte à publicação do artigo, as pessoas fizeram fila em frente às corretoras. A cena lembrava aquelas granuladas fotos em preto e branco da Grande Depressão que mostram pessoas fazendo fila diante de um banco na esperança de retirar seu dinheiro antes que o banco quebrasse. Roosevelt, sabiamente, decretou um feriado bancário. Mas o mar não respeita feriados.

Esse artigo foi o início do fim para Myrtle Beach. O surpreendente é que, no momento de sua publicação, ainda não havia muitas casas danificadas na cidade. Mas seguradoras e entidades financeiras haviam perdido a confiança no mercado, o que é igualmente prejudicial. O programa federal de seguro contra enchentes deixara de existir havia anos e as seguradoras privadas não cobriam propriedades dentro da linha de inundação projetada para 25 anos. Sem um seguro, nenhum estabelecimento financeiro concederia uma hipoteca. Novas construções haviam cessado anos antes e as vendas das casas existentes estavam despencando, como demonstrava o gráfico publicado no jornal. Já quase não havia casas que valessem mais que a hipoteca. Portanto, ninguém precisava esperar por danos reais causados pelas enchentes para sair da cidade.

Eu enfoquei as casas, mas nada escapou aos mares mais altos – que submergiram estradas, pontes, usinas elétricas, aeroportos, portos, prédios públicos, quase tudo. Para piorar, o decrescente valor dos imóveis privados e comerciais diminuiu a arrecadação dos impostos necessários para que as cidades reparassem os danos provocados pelas inundações e voltassem a funcionar, em um tipo sinistro de realimentação. O resultado foi que em Myrtle Beach, assim como em toda a costa do Atlântico, uma depressão pior que qualquer coisa vivenciada na década de 1930 fincou raízes. Digo isso porque, por mais miseráveis que as pessoas estivessem durante a Grande Depressão, sempre havia um ou dois raios de esperança. Franklin Delano Roosevelt substituíra Edgar Hoover e o New Deal estava funcionando, embora não para todos. As pessoas acreditavam que, se perseverassem, se esperassem passar os tempos difíceis, as coisas melhorariam. Como disse um cantor popular na década de 1930: "Um mundo melhor vem aí." O que veio foi a Segunda Guerra Mundial e, com ela, o fim da Grande Depressão.

Ninguém na costa da Carolina do Sul ou em qualquer outro lugar, naquela época, cantava nenhuma canção sobre um mundo melhor que estaria por vir. Não estava, e todos sabiam disso. Pela primeira vez na história moderna, a esperança de todos os pais – a de que seus filhos tenham uma vida melhor que a deles – deixou de existir. Você pode conversar com outras pessoas sobre o efeito dessa dolorosa constatação sobre a psicologia humana. Foi um dos principais fatos da vida no final do século XXI.

Por volta de 2050, eu e minha irmã sabíamos que, por deferência a meu pai, havíamos esperado muito para vender a Casa Negra. O mercado imobiliário entrara em franco colapso e Myrtle Beach estava prestes a ser abandonada por aqueles que podiam ir embora – os que não estivessem tolhidos por teimosia, pobreza, idade ou doenças ou sem ninguém para ajudá-los a se mudar.

Quando meu pai morreu, em 2058, cem anos depois que o primeiro Black comprou a casa de nossa família, minha irmã e eu simplesmente fomos embora e nunca mais voltamos. O ultraje final, se você quer saber, foi que o cemitério Memorial Ocean

Woods estava fechado por conta de uma inundação, de modo que não pudemos enterrar nosso pai no jazigo da família. Ele ficou em uma área mais alta, no interior, longe de nosso antigo bairro.

Você realmente pintou um quadro pungente do destino de Myrtle Beach e de outras comunidades da costa atlântica. Com seus conhecimentos, você sabe mais que a maioria das pessoas a respeito do que ocorreu em locais semelhantes mundo afora. Qual foi o destino desses locais?

Uma das coisas que eu e outros geógrafos observamos foi que o abandono das áreas litorâneas ocorreu gradualmente. As primeiras pessoas a venderem suas casas não compraram cabanas no topo de montanhas; compraram outras casas de praia em terrenos mais elevados, a alguns quilômetros do litoral ou onde houvesse um penhasco alto o bastante entre a casa e a linha da maré alta. Mas, como o nível do mar continuou a subir, essas segundas propriedades começaram a correr perigo também, obrigando os proprietários a vendê-las e a se mudar novamente, o que aumentou a debandada geral.

Como o fenômeno ocorreu no mundo inteiro, uma das maiores migrações da história humana teve início, com milhões de pessoas se deslocando para o interior. Isso ainda está acontecendo e continuará a acontecer sabe Deus por quanto tempo – por quanto tempo o nível do mar continuará a subir? Ninguém sabe como a coisa vai terminar, pois a humanidade jamais viu antes migrações em massa em escala global.

Nós, geógrafos, estávamos entres os primeiros a chamar atenção para o iminente desastre da migração climática. No início do século, surgiu uma nova especialidade acadêmica chamada "estudos sobre a elevação do nível do mar". Tenho um arquivo bastante completo sobre a matéria e a conheço bem. Nós, cientistas, sentimos que devíamos começar a prestar atenção no fenômeno porque, até então, a elevação do nível do mar era vista como um problema litorâneo, que afetava apenas certas comunidades – como a minha Myrtle Beach. Mas era óbvio que os milhões de desalojados pela elevação do nível do mar teriam de ir a outro local. Tínhamos um exemplo antigo na diáspora ocorrida em Nova Orleans após o Katrina, quando os desalojados se dispersaram por todo o país, fixando-se principalmente no Texas.

Uma migração anterior em grande escala, que poderia servir de modelo, foi o movimento conhecido como Dust Bowl (tigela de pó), quando cerca de 2,5 milhões de pessoas deixaram os áridos estados das planícies americanas e rumaram, em sua maioria, para a Califórnia. Essa migração teve consequências enormes, tanto nas áreas abandonadas quanto nas de destino. Outro exemplo foi a Grande Migração, quando 6 milhões de afro-americanos trocaram o Sul rural pelo Norte industrializado. Isso levou a porcentagem de afro-americanos que viviam no Sul a cair de mais de 90% para cerca de 50% em aproximadamente quarenta anos.

Mas ambas as migrações levaram essencialmente pessoas de uma parte a outra do país. O que disse mesmo um pesquisador...? Aqui está: por causa das mudanças climáticas, as pessoas irão "de todos os lugares costeiros dos Estados Unidos para qualquer outro lugar do país". Ele também previu outro efeito nefasto: assim como algumas pessoas em Nova Orleans nunca partiram, e muitos afro-americanos permaneceram no Sul, muitos residentes da costa se recusariam a sair e aguentariam o que viesse. Meu pai é um bom exemplo. Outros gostariam de partir, mas não tinham bens, nenhum lugar para ir e ninguém para ajudá-los. Ficaram presos onde estavam, criando um fardo enorme para a sociedade.

Na década de 2020, quando os demógrafos tentaram prever quantas pessoas poderiam ser desalojadas pela elevação do nível do mar, usaram como modelo as migrações que citei há pouco, quando – numa população em torno de 132 milhões de americanos – cerca de 8,5 milhões migraram para longe, ou seja, pouco mais de 6%. Na época, alguém projetou para 2050 uma população mundial de aproximadamente 10 bilhões de pessoas. Essa projeção, claro, ignorou os efeitos fatais do aquecimento global, mas era com ela que os estudiosos tinham de trabalhar na época. Como eu já disse, cerca de 50% da população mundial vivia a menos de 100 quilômetros do litoral, ou seja, 5 bilhões no mundo inteiro. Se os mesmos 6% da população americana na década de 1930 se tornassem refugiados do clima, o total em todo o mundo chegaria a cerca de 230 milhões apenas com a elevação do nível do mar.

Mas lembre-se de que muitos dos pobres de Oklahoma e outros estados, assim como os afro-americanos do Sul, tinham boas razões para migrar. Ninguém os forçou. Eles partiam em busca de uma vida melhor, não para salvar suas vidas. Assim, sem nenhuma surpresa, os 6% estimados para a migração climática se revelaram um percentual muito baixo.

É verdade que as pessoas não migraram somente por causa da elevação do nível do mar. Houve outros motivos, como calor extremo, seca, fome, doenças, desertificação, má qualidade da água e assim por diante. Ninguém sabe quantas pessoas até este século foram forçadas ou optaram por migrar, mas o número está na casa dos bilhões no mundo inteiro.

Os estudiosos de hoje acreditam que o número de migrantes atingiu o pico e está diminuindo. Isso por dois motivos: em primeiro lugar, a maioria dos que tinham condições de migrar já o teria feito; em segundo, o número de lugares para onde se pode migrar com segurança está diminuindo. Forasteiros não são bem-vindos. O mais provável é que sejam repelidos sob a mira de armas.

TUVALU

Tavau Toafa é a última pessoa viva a ter nascido na submersa ilha de Tuvalu. Entrevistei-o graças ao bom trabalho do Te Papa Tongarewa, o Museu da Nova Zelândia, em Wellington, um dos poucos museus que conseguiram manter as portas abertas.
    Sr. Toafa, saudações. Por favor, conte-me por que está na Nova Zelândia, não em Tuvalu, sua ilha natal.

Se o senhor pudesse me ver, com certeza diria que minha aparência é a de um polinésio, não de um típico neozelandês ou maori. Não sou daqui, mas de um lugar que ninguém consegue mais encontrar em nenhum mapa, pois desapareceu sob as ondas. No ano em que o século nasceu, eu também nasci, num pequeno país chamado Tuvalu, composto por atóis. Se o senhor olhar atentamente para um dos antigos atlas que existem aqui no museu, poderá descobrir onde Tuvalu estava situado – um pouco ao sul do equador e um pouco ao oeste da Linha Internacional de Data. A primeira e até então a única vez que o mundo exterior notou Tuvalu foi na Segunda Guerra Mundial, quando o general MacArthur construiu um campo de aviação em uma de nossas ilhas.
    Em 1978, Tuvalu conquistou sua independência como Estado soberano no âmbito da Comunidade Britânica. Em área terrestre, era a quarta menor nação do mundo, depois do Vaticano, Mônaco e Nauru. Tínhamos nove atóis de coral, com 26 quilômetros quadrados de área total, espalhados por 130 mil quilôme-

tros quadrados no oceano Pacífico. Quando nasci, no ano 2000, nossa população era de apenas 9.420 pessoas.

Por séculos, vivemos da pesca e do cultivo de coco, taro e banana. Depois da guerra, precisamos de dinheiro, que ganhamos vendendo licenças de pesca e nossos lindos selos para colecionadores de todo o mundo. Então, com o advento da internet, Tuvalu obteve o nome de domínio "ponto tv". Também ganhamos dinheiro vendendo o uso desse nome. Era como se dinheiro caísse do céu.

Não muito depois do seu nascimento, no entanto, as coisas começaram a correr mal em Tuvalu...

Nós quase não queimávamos petróleo e carvão; especialistas aqui no museu dizem que Tuvalu emitia muito menos dióxido de carbono que qualquer cidade pequena da Nova Zelândia com a mesma população. Mas, à medida que os mares começaram a subir, Tuvalu se viu diante de um problema: a geografia. Nosso ponto mais alto estava cerca de 4,5 metros acima do nível do mar. Quando nasci, a maior parte do país estava menos de 2 metros acima do nível do mar. Se o mar continuasse subindo, não teríamos terras mais altas para onde recuar. Quando os cientistas previram que o mar subiria 1 metro ou mais, soubemos que, se estivessem certos, Tuvalu estaria condenado.

Lembro-me de meus pais me contando que, na época em que nasci, o ciclo lunar regular das marés altas combinado com os mares mais altos levava o oceano a invadir nossas estradas, os campos e as áreas residenciais. A cada ano o mar ia mais longe e demorava um pouco mais para recuar. Meus pais diziam que, no centro das ilhas maiores, a água do mar se infiltrava por entre as rochas de coral e cobria as plantações de taro. A pista do aeroporto de Funafuti – nossa melhor saída em casos de emergência – ficava alagada quase o tempo todo.

Ao longo dos anos, a água mais quente branqueou nossos recifes de coral, que morreram, levando junto os peixes, nossa maior fonte de proteína. Os poucos peixes de água doce disponíveis começaram a ter gosto salgado. Os ciclones do Pacífico pareciam ter se tornado mais fortes. Sabíamos que um realmente grande poderia arrasar todo o país, deixando nossos atóis inabitáveis.

Quando eu estava com 30 anos, nosso governo anunciou que teríamos de abandonar Tuvalu. Na época, outros países da Ásia e do Pacífico tinham os próprios problemas, portanto não sabíamos qual poderia nos acolher. Vários nos rejeitaram. Porém, graças a Deus e para nossa eterna gratidão, os neozelandeses nos acolheram calorosamente. Sua bondade nos permitiu sobreviver como indivíduos e manter nossa cultura tuvaluana. No entanto, como nosso povo costuma efetuar casamentos consanguíneos, temo pelo dia em que somente historiadores terão ouvido falar de Tuvalu e depois mais ninguém.

Tuvalu não foi o único país insular do Pacífico a ser submerso. Kiribati, Tokelau, Samoa Americana, Tonga e Guam também afundaram nas ondas ou corriam tanto perigo que as pessoas os abandonaram. O mesmo ocorreu no oceano Índico, com Seichelles, Maldivas e Maurício, por exemplo. Ouvi dizer que o mar vai continuar subindo, então outras ilhas-nações certamente se juntarão a essas.

Meu avô foi o último primeiro-ministro de Tuvalu. E fez questão de ser o último tuvaluano a deixar nossa ilha. Ele me disse que, ao subir a rampa para embarcar no navio que partia com destino à Nova Zelândia – apertando nossa jovem bandeira contra o peito –, uma tristeza avassaladora se apoderou dele. Segundo ele, foi ainda mais forte que a tristeza que já sentira pela morte de um parente ou de uma pessoa querida. Algo maior que um membro da família estava morrendo diante de seus olhos: a própria noção do que significava ser tuvaluano. Enquanto via nossas ilhas desaparecerem no horizonte, prestes a afundar sob as ondas, ele sabia que jamais regressaria e que nossa bandeira jamais voltaria a tremular. Ter de abandonar a própria pátria é uma coisa; muita gente precisou fazer isso ao longo da história. Mas sua pátria simplesmente desaparecer é outra: você sabe então, com certeza, que você e seus filhos jamais poderão retornar.

A QUEDA DE ROTERDÃ

Monique van der Poll é ex-ministra do Meio Ambiente da Holanda. Falei com ela em seu escritório, na cidade de Maastricht.

Nós, holandeses, temos um ditado: "Deus criou o mundo, mas os holandeses fizeram a Holanda." Com grande parte de nossas terras abaixo do nível do mar, tivemos de construir barreiras, diques e pôlderes antes de podermos construir cidades. Depois nos tornamos líderes em arte, comércio, navegação e muitas outras coisas. Sempre tentamos ser bons cidadãos do mundo. Obedientemente, cortamos nossas emissões de gases de efeito estufa, mas isso não fez diferença. O que importava era o que os *grote vervuilers*, os "grandes poluidores" – Estados Unidos, China e Índia –, faziam. No ano 2000, a Holanda emitia apenas 0,5% do dióxido de carbono global. Ainda assim, cortamos essas emissões pela metade. Porém, em escala global, isso foi apenas "*een druppel op een gloeiende plaat*", "uma gota em uma balde de água", como vocês dizem.

Nós, holandeses, desafiamos a natureza e o mar do Norte durante séculos. Assim, quando somos obrigados a recuar, o resto do mundo precisa prestar atenção. E nós tivemos de recuar. Estou falando com você da sede do governo holandês em Maastricht, a cidade mais antiga da Holanda. Mudamos a capital para cá em 2052, não por causa da idade da cidade nem do papel que desempenhou em nossa história, mas porque, com 49 metros de altitude, em média, Maastricht é nossa cidade mais alta e, portanto, será a última a ser inundada.

Até nosso outro nome, Países Baixos, já nos dizia que, se o nível do mar subisse, estaríamos em apuros. E estamos. Grande parte da Holanda fica abaixo da superfície do mar do Norte. No início deste século, mais de dois terços de nossas terras estavam abaixo do nível do mar e dois terços de nós vivíamos nessas terras. Lutamos contra o mar primeiramente com nossos moinhos de vento; depois, com bombas elétricas e maravilhosas obras de engenharia, como nossos diques e comportas. Sabíamos, é claro, que estávamos metidos em um jogo perigoso, mas acreditávamos que a determinação e a engenhosidade holandesas nos levariam a triunfar. Não podíamos prever que o restante do mundo viraria o jogo contra nós.

Como todo mundo em todos os lugares, construímos nossa nação acreditando que a temperatura, os rios, as marés e o nível do mar se comportariam como sempre se comportaram. Isso permitiu que nos preparássemos para a enchente de cem anos, a enchente de quinhentos anos e assim por diante. *"Na regen komt zonneschijn"*, dizíamos, "depois da chuva vem o sol". Ou seja: por piores que as coisas fiquem, elas voltarão ao normal. Mas o antigo conceito de normal agora mudou.

À medida que o mar se elevava, as terras holandesas afundavam – fenômeno normal nos solos de estuários, que, por si só, já leva o nível do mar a subir em relação ao litoral adjacente. Nosso pior problema, como se pode imaginar, sempre foram as inundações devastadoras. Tivemos uma em 1916, que nos obrigou a gastar muito com medidas de proteção. Então, em janeiro de 1953, houve uma ainda maior, que ultrapassou as proteções e se tornou famosa na história da Holanda: uma maré de primavera alta e ventos de 48 quilômetros por hora formaram uma ressaca com ondas de quase 6 metros, que se chocaram contra nossos diques, destruindo muitos deles. Duas mil pessoas e 30 mil animais morreram. Tivemos de evacuar 70 mil pessoas. Quando o último dique estava prestes a desmoronar, o prefeito da cidade mandou um navio penetrar em um grande buraco aberto na barragem, como se fosse um dedo gigante. Esse fato livrou 3 milhões de pessoas de inundações gigantescas. Foi como uma cena em um de nossos *sprookjes*, contos de fadas. O susto provocado por essa enchente nos induziu a conceber um programa de cinquenta anos, a fim de fortalecer nossas defesas contra o mar do Norte.

No final do século XX, Roterdã era o porto mais ativo da Europa e a espinha dorsal da economia holandesa. Era nosso dever resguardar Roterdã a todo custo. Assim, iniciamos a construção da Delta Works, uma série de proteções que incluiu a maior conquista de nossa engenharia, a Maeslantkering – "barreira contra tempestades" –, erguida na foz do rio Reno, próxima a Roterdã. Composta por dois gigantescos portões marítimos, recurvados e equipados com rolamentos de esferas de 10 metros de diâmetro, essa barreira lembrava duas torres Eiffel caídas de lado.

Na década de 1990, diques e barreiras selaram todas as vias pelas quais o mar do Norte poderia adentrar o delta do Reno na altura de Roterdã. Exceto uma: um canal de navios chamado Nieuwe Waterweg. Era um *kanaal* como o Mississippi River Gulf Outlet, em Nova Orleans, construído para disponibilizar aos navios uma rota mais rápida para o porto. Porém, como se sabe, esses canais também oferecem aos furacões uma rota mais rápida para o interior. Os portões de Maeslant foram construídos para evitar que a água subisse o Nieuwe Waterweg até Roterdã. Quando os testamos, em novembro de 2007, constatamos que funcionavam perfeitamente. Acreditamos, então, que nos protegeriam dos piores problemas que o mar do Norte pudesse trazer. Mas esse era o pensamento do século XX. Logo enfrentaríamos problemas do século XXI que a humanidade jamais havia enfrentado.

Aceitamos há muito tempo a realidade do aquecimento global e fizemos o possível para nos adaptarmos. Sabíamos que o mar do Norte continuaria a subir. Até exigimos que nossos alunos aprendessem a nadar com roupas e sapatos. Alguém mais fez isso? A um custo elevado, aumentamos a altura dos portões de Maeslant de 22 para 25 metros. Entretanto, o mar continuou a subir. O que deveríamos fazer? Entregar nosso país ao mar? Nenhum holandês faria isso.

Os portões já haviam protegido Roterdã de várias inundações. Mas em meados deste século a enchente danificou as instalações portuárias, que sempre foram uma importante fonte de renda para a Holanda. Sabendo que deveríamos aumentar a altura dos portões uma vez mais, tentamos descobrir um meio de pagar a reforma. Tomar empréstimos estava fora de questão, pois nenhum banco ou fundo internacional concederia financiamento para tal projeto.

Então, em janeiro de 2052, quase um século depois da tempestade gigante de 1953, uma tempestade muito maior no mar do Norte trouxe uma ressaca com ondas de até 30 metros em um mar agigantado pelo afundamento de nossas terras. Ondas bem maiores do que qualquer holandês já vira – e isso quer dizer muita coisa – rolando em um mar mais elevado colidiam com os portões de Maeslant e nossas outras barreiras contra o mar. Fechamos a grande represa ao sul e os portões de Maeslant e rezamos. Como a água continuava a subir, algumas ondas conseguiram ultrapassar os portões. O portão da direita, voltado para o interior, começou a oscilar em seu eixo cada vez mais violentamente, até que se soltou da base e tombou no canal. Sem mais nada que a detivesse, a ressaca disparou pelo Nieuwe Waterweg e chegou ao centro de Roterdã. Em poucas horas, toda a cidade ficou sob 5,5 metros de água.

Acreditando que os portões de Maeslant não poderiam falhar, as autoridades de Roterdã não haviam evacuado a cidade. Quando por fim deram a ordem, muitas pessoas velhas e doentes, que não tinham como sair, morreram afogadas. As águas da enchente aprisionaram também milhares de indivíduos que moravam em sótãos e prisioneiros em suas celas; muitos outros morreram tentando salvar entes queridos e animais de estimação.

Ninguém jamais saberá o número exato de pessoas que morreram afogadas na grande enchente de Roterdã em 2052, pois as autoridades não encontraram milhares de desaparecidos. No entanto, estimamos que um terço da população de Roterdã, cerca de 800 mil pessoas, morreu por causa da tempestade e de suas consequências, no que se tornou o maior desastre da história holandesa.

Reconstruir os portões de Maeslant, recompor as instalações portuárias de Roterdã e reconstruir a cidade em ruínas exigiriam muito mais dinheiro do que nós, holandeses, possuíamos na época. Mas, mesmo que o governo conseguisse o dinheiro, as seguradoras, os banqueiros, os construtores e, o mais importante, as próprias pessoas haviam perdido a confiança em uma cidade costeira como Roterdã. O mar continuaria a subir – e quem poderia afirmar que a próxima grande tempestade não seria maior? E que a seguinte não seria maior ainda? Acho que fomos a primeira nação a decidir formalmente que nossa população deveria se mudar para o interior, para longe da costa. O dia 31 de janeiro de 2052, data da queda de Roterdã, foi instituído como um dia nacional de luto. E em março daquele mesmo ano transferimos a sede do governo holandês para Maastricht.

Em virtude da configuração da costa e da forma como as ondas chegaram, Amsterdã e outras cidades costeiras sobreviveram à grande tempestade mais ou menos intactas. Porém não há como calcular os prejuízos que a queda de Roterdã causou à autoestima, à autoconfiança e ao futuro de Amsterdã. Roterdã nos mostrou que mesmo os mais grandiosos trabalhos da engenharia holandesa não puderam impedir a destruição de uma de nossas maiores cidades em questão de horas. Amsterdã levou anos, não horas, para decair; mas acabou decaindo, vitimada não por uma grande tempestade, mas por uma grande perda de confiança em sua capacidade de permanecer habitável diante do aquecimento global, da elevação do nível do mar e das tempestades. Talvez esta tenha sido a maior lição de Roterdã: a perda de confiança no futuro de uma cidade pode ser tão letal quanto qualquer força destrutiva, artificial ou natural.

As estruturas construídas para proteger Nova York falharam na tempestade de 2042. A Barreira do Tâmisa, construída pelos britânicos para evitar que a água chegasse à planície aluvial em torno de Londres, foi concebida no final dos anos 1970 e projetada para durar até 2030. Mas, evidentemente, os planejadores não levaram em consideração o aquecimento global. A obra poderia ter sido modificada para ter maior durabilidade, mas na década de 2020 a Grã-Bretanha se encontrava quase paralisada por divisões internas. E, sendo liderada por indivíduos que ainda negavam o aquecimento global, não fez nada. Os russos construíram uma represa móvel em São Petersburgo; o Corpo de Engenheiros do Exército dos Estados Unidos gastou bilhões em defesas que já sabiam que eram inadequadas para Nova Orleans; outras nações iniciaram seus projetos e assim por diante. Nada disso subsistiu. É impossível construir uma barreira alta o suficiente para deter um mar que se eleva todos os anos, sem dar mostras de que vai se estabilizar.

O que aconteceu com outras cidades holandesas além de Roterdã e Amsterdã?

Olhe para um mapa do ano 2000 e você verá quais áreas e cidades eram vulneráveis. Abandonamos na época todas as que se encontravam abaixo do nível do mar, quer por serem repetidamente inundadas, quer porque temíamos que fossem. Haia, Haarlem,

Leiden, Delft, Harlingen, Groningen e muitas cidades menores já desapareceram. Nós, holandeses, fomos obrigados a desistir de nossa estratégia nacional – talvez até de nossa identidade nacional – e a devolver ao mar do Norte as preciosas terras que levamos séculos para conquistar.

Em 2020, a Holanda tinha mais de 17,5 milhões de pessoas vivendo em cerca de 41.500 quilômetros quadrados – uma densidade populacional de 420 pessoas por quilômetro quadrado, a mais alta da Europa e quase um terço da de Bangladesh, que, na época, tinha a maior densidade populacional do mundo. No entanto, como mencionei antes, metade de nossas terras estava abaixo do nível do mar; tivemos de abandonar essas áreas, fato que, por si só, dobrou nossa densidade populacional. Para piorar as coisas, em 2050 a população da Holanda havia aumentado para 18 milhões; hoje ninguém sabe ao certo quantos somos. Digamos que o número tenha se mantido. Se essas pessoas estão vivendo na metade do território que tínhamos em 2020, a densidade populacional deve estar hoje em torno de 870. E, à medida que perdemos mais terras para o mar, o número de pessoas amontoadas em cada quilômetro quadrado tenderá a aumentar – a menos que nossa taxa de mortalidade aumente, o que pode muito bem acontecer.

O senhor precisaria ser holandês para entender como me dói dizer isto: nosso país de marinheiros se tornou um país de talassófobos – indivíduos que têm medo do mar – apinhados em metade das terras que tínhamos. E amanhã, talvez em um terço. Nossa economia desmoronou. Pessoas racionais não veem como os Países Baixos poderão sobreviver como nação. Já sondamos a Alemanha e a França sobre a possibilidade de uma fusão. Mas que benefícios uma união com a Holanda – país submerso pela metade – poderia trazer a esses países? Ainda temos nossa identidade holandesa e nosso orgulho, mas por quanto tempo os manteremos se nos tornarmos parte da Alemanha ou da França?

PARTE 4
GELO

UMA FRÁGIL CONTRADIÇÃO

César García é ministro do Meio Ambiente do Peru. As raízes de sua família remontam aos tempos de Pizarro e Atahualpa. Entrevistei o Sr. García em sua residência na cidade de Pucallpa, ao leste dos Andes, para onde sua família se mudou após a Queda de Lima.

O Peru tende a ser uma terra de extremos, sobretudo na topografia e no clima. Se meus ancestrais dependessem apenas de chuva para obter água, jamais poderiam ter sobrevivido na faixa de terra árida, estreita e baixa entre a costa do Pacífico e os Andes, pois é um dos lugares mais secos do planeta. O motivo dessa aridez extrema é que a costa oeste da América do Sul está sob a sombra da chuva dos Andes, fenômeno que opera da seguinte forma: a fria corrente de Humboldt arrefece o ar úmido do Pacífico, que penetra terra adentro e sobe as encostas das montanhas, onde sua umidade acaba se condensando em neve e fica retida nos picos andinos. O processo deixa a planície costeira do Peru tão seca que esta recebe apenas 2% da precipitação pluvial de nosso país. Ainda assim, na virada do século a costa sustentava 70% de nossa população. Como conseguimos manter tantos com tão pouco? É que nós, peruanos, tínhamos nosso *milagro de los panes y los peces* [milagre dos pães e dos peixes].

Nosso maior milagre pode ter sido nossa capital, Lima. Quando este século se iniciou, Lima sustentava 7,3 milhões de pessoas com apenas 25 milímetros de chuva por ano – cuja maior parte não caía como chuva, mas pairava no ar como uma névoa fria. No entanto, mesmo que Lima conseguisse recolher cada gota de umidade que pairasse dentro de seus limites, o total chegaria a apenas 1,8 litro por ano para cada morador. Compare esse volume com a média diária de 757 litros ou mais que cada morador de qualquer cidade americana no deserto usava naquela época.

Obviamente, os limenhos precisariam obter água de algum lugar que não fosse o céu, pois manter uma cidade grande exigiria muita água, principalmente em anos secos. Felizmente tinham um reservatório confiável: as geleiras dos picos nevados da cordilheira Central. No inverno, as geleiras acumulavam água; no verão, a devolviam na forma de degelo pelo rio Rímac, que atravessava a cidade. No ano seguinte, a mesma coisa. Sem essas geleiras, que a mantinham viva, Lima se tornaria uma cidade fantasma. Como costumamos dizer, em outro contexto, *El que no trabaje que no coma*, "quem não trabalha não come". Ou, nesse contexto, sem gelo, sem água. As geleiras eram nossa fábrica de água.

Todos os países andinos – Argentina, Bolívia, Chile, Colômbia, Equador, Peru e Venezuela – dependiam, de certa forma, do degelo de geleiras para obter água. La Paz e El Alto, na Bolívia, por exemplo, obtinham a maior parte da sua da geleira de Chacaltaya.

Algumas outras partes do mundo, como o leste da África e a Nova Guiné, tinham geleiras tropicais. Lembre-se de *As neves do Kilimanjaro*, o ótimo conto do século XX. Mas essas regiões tinham mais chuva que o Peru e não eram tão dependentes das águas de geleiras.

Uma geleira nos trópicos é, por definição, *una contradicción frágil* [uma contradição frágil]. Se a temperatura subir um pouco, ela começa a desaparecer. Mesmo antes deste século as geleiras andinas já minguavam rapidamente. As do Peru encolheram quase um terço entre 1970 e 2000. O mesmo aconteceu com as de Cotopaxi, no Equador. Em 1983, um cientista previu que as geleiras de El Cocuy, na Colômbia, durariam pelo menos trezentos anos. Um estudo feito em 2005 reduziu essa estimativa para 25 anos. No início da década de 2030 as geleiras El Cocuy deixaram de existir.

Entre 1980 e 2005, a geleira do Pastoruri – um de nossos picos mais famosos, com 5.250 metros de altura, localizado no belo Parque Nacional de Huascarán – encolheu na proporção de 20 metros por ano. No final do período, cobria menos de 1,6 quilômetro quadrado. No espaço de uma década, desapareceu. A calota de gelo de Quelccaya, na cordilheira Oriental, era uma das maiores geleiras do mundo. No ano 2000, já minguara mais de 1 quilômetro; em meados do século, também deixou de existir.

As geleiras tropicais também começaram a derreter no último século. É o caso das da Nova Guiné, por exemplo. O Kilimanjaro perdeu entre 75% e 80% de seu gelo, e sete das 18 geleiras do monte Quênia desapareceram. Atualmente já não existem geleiras tropicais em parte alguma.

Nós, peruanos, recebemos muitos avisos, mas não demos muita atenção a eles. À medida que a temperatura subia, as geleiras da cordilheira Central começaram a derreter mais depressa e a depositar enormes volumes de água em nossos rios. Nas primeiras décadas deste século, nossa principal preocupação eram as inundações, não a seca. Era impossível convencer as pessoas e os políticos de que era a festa antes da fome – que um dia o *milagro* acabaria. Nossos cientistas disseram que a mudança de muita água para pouca aconteceria no início da década de 2040, mas não conseguiram persuadir nossos líderes a construir reservatórios – a fim de armazenar a água das enchentes – e implantar fortes medidas de conservação.

Suponho que se possa dizer que nossos picos andinos não

eram altos o bastante – nenhum na cordilheira Central se eleva acima de 6 mil metros e, no início do século, suas geleiras estavam todas acima de 5 mil metros. Os cientistas nos disseram que, para cada grau Celsius de aumento na temperatura, a linha de neve em nossa latitude recuaria cerca de 150 metros. Um aluno da quinta série pode usar a aritmética: se a temperatura média nas altas montanhas aumentasse cerca de 3°C, todas essas geleiras estariam fadadas a desaparecer. Em nossa *negación* [negação], nós, limenhos, como todo mundo, nos recusamos a considerar as consequências do aquecimento global até que fosse tarde demais. Quando as geleiras derreteram e os rios secaram, já não tínhamos reservas.

Os pobres – que no século passado haviam migrado para Lima aos milhões – foram os primeiros a sentir sede. Em 2050, a cidade e o próprio Peru já estavam se despovoando, à medida que os pobres, carregando seus poucos pertences nas costas ou em carroças, deixavam as *barriadas* [favelas] e voltavam para as terras altas de onde seus ancestrais haviam descido gerações antes. A maioria se dirigiu para o lado leste das montanhas, onde ainda chovia bastante e de onde estou falando com o senhor. Uma fileira humana, aparentemente interminável, encheu as estradas que ligavam as cidades costeiras às passagens nas montanhas. Muitas pessoas tombaram pelo caminho.

Outro problema era que, à medida que o fluxo dos rios diminuía, decrescia também a quantidade de energia hidrelétrica gerada por nossas represas, que um dia foi responsável por 80% da energia do Peru. Como tínhamos poucas reservas de combustíveis fósseis, não havia como substituir a energia hidrelétrica minguante. A falta de energia foi o principal motivo que nos impediu de utilizar processos de dessalinização, embora o Peru tivesse amplo acesso ao mar.

Além de as cidades estarem se tornando cada vez mais inabitáveis, a organização maoísta Sendero Luminoso, que praticamente desaparecera nos primeiros anos do século, voltou a patrocinar atos terroristas com o objetivo de desestabilizar o governo. Alegava, com certa razão, que os ricos recebiam secretamente suprimentos de água à custa dos pobres. Assim, mais e mais pobres se juntaram ao Sendero Luminoso, bem como milhares de soldados desertores. Hoje o Peru praticamente deixou de existir como Estado funcional e se tornou um conjunto de facções armadas, cada qual protegendo suas reservas de água.

Alguns países sul-americanos e seus líderes corruptos haviam vendido suprimentos de água e infraestrutura para empresas privadas estrangeiras, praticando, supostamente, o melhor capitalismo. Mas tais empresas estavam no negócio para obter lucro. Quando isso se tornou impossível, simplesmente foram embora. Na maioria dos casos, percebendo o que estava por vir, não investiram quase nada em reparos e manutenção, de modo que os equipamentos e as instalações que deixaram para trás eram inúteis para nossos estropiados governos.

O mais assustador sobre o futuro do Peru é que temos água suficiente para apenas um terço do número de pessoas que o país sustentava no ano 2000 e essa água está em grandes altitudes ou no lado leste dos Andes. Precisamos abandonar a faixa costeira e construir um novo país na encosta leste, mas onde obteremos os recursos, as lideranças, a energia e a esperança que se fazem necessários? Como um país simplesmente abandona suas maiores cidades e uma grande fatia de seu território e se restabelece em outro lugar? Quando, na história, isso aconteceu? No entanto, para alguns países, é isso que *el calentamiento global* [o aquecimento global] exigirá que façam se quiserem sobreviver.

GELO TEMPORÁRIO

Hoje conversarei com Yekaterina Zimova na casa de seu neto em Vladivostok. Nascida no ano 2000, Zimova é filha de Nikita Zimov e neta de Sergey Aphanasievich Zimov, um grande cientista russo e aspirante a restaurador de habitats durante a primeira metade do século.

Katya Nikitovna, se posso chamá-la assim, fale-me sobre a senhora e seus ilustres antepassados.

Я счастлив. Dito isso, passarei para o inglês. Eu falava sua língua fluentemente nos velhos tempos, quando meu pai e meu avô trabalhavam com cientistas americanos e britânicos. Mas agora estou sem prática. Verei o que posso fazer.

Nos primeiros anos do século, meu avô, Sergey Aphanasievich, foi considerado o maior cientista de nosso país e um dos melhores do mundo, não só por seu intelecto mas porque estudou o *permafrost*, solo permanentemente congelado, que acabou não sendo tão permanente e que contribuiu muito mais para o *глобальное потепление*, "aquecimento global", do que outros cientistas previram.

Em 1977, Sergey Aphanasievich ajudou a estabelecer a Estação de Ciência do Nordeste, próxima ao povoado de Cherskii, como um instituto de pesquisa da Academia Russa. Essa pequena cidade siberiana, onde nasci, fica 69° ao norte, acima do Círculo Polar Ártico, na foz do rio Kolyma, cerca de 150 quilômetros ao sul do oceano Ártico. A missão do centro era estudar o *permafrost*, o gás metano que ele emitia e seus efeitos no ecossistema. Mas antes de entrar no assunto preciso falar ao senhor sobre outro projeto que realmente o tornou famoso: o Parque do Pleistoceno.

Meu avô e meu pai queriam resolver um dos maiores mistérios da ciência: o que levara o mamute-lanoso e outros grandes herbívoros a desaparecer no final da última Era Glacial? Para a maioria dos cientistas siberianos, a resposta estava no aquecimento do clima, que havia transformado as pastagens em tundras, as quais, por sua vez, não proporcionavam alimentos em quantidade suficiente para manter vivos os grandes animais. Meu avô, no entanto, achava que fora o contrário: o pisoteio e o estrume de grandes rebanhos é que teriam transformado as tundras em pastos, o que deixaria os caçadores humanos como única alternativa para explicar a extinção. Então, se a extinção decorrera da caça excessiva, não de mudanças climáticas, talvez fosse possível restituir os grandes mamíferos à tundra. Os esforços nesse sentido foram concentrados no que ficou conhecido como Parque do Pleistoceno, onde meu avô criou uma reserva de vida selvagem que povoou com bisões, alces, veados selvagens, e assim por diante, capturados vivos ou comprados ainda filhotes. Quando ele morreu, meu pai deu seguimento ao trabalho.

Mas foi a outra linha de pesquisa, os estudos sobre o permafrost, *que se revelou mais importante.*

E era. Bem, fui criada com cientistas e, embora não tenha me tornado uma, posso falar sobre o *permafrost*, que ocorre quando a temperatura da parte superior do solo permanece no ponto de congelamento, ou abaixo dele, por pelo menos dois anos. Isso torna o solo forte o bastante para receber construções e impede que a vegetação congelada seja consumida por bactérias – e 1 grama de solo congelado pode conter milhões de bactérias.

Quando a temperatura sobe e o *permafrost* derrete, esses milhões voltam à vida e começam a comer as plantas. Ao fazerem isso, liberam CO_2 e metano – gases de carvão, como costumávamos chamá-los –, que são os gases de efeito estufa. Tragicamente, o CO_2 dura muito mais tempo na atmosfera que o metano, mas o metano produz vinte vezes mais calor por molécula. Eu costumava ouvi-los falar sobre como esse fenômeno produziu o que eles chamavam de *feedback*, ou *Обратная связь*, em nossa língua.

Como isso funciona?

Bem, digamos que o aquecimento global aumente a temperatura acima do *permafrost*. Isso leva a vegetação a apodrecer e se decompor, quando então é comida pelas bactérias, agora vivas, que liberam CO_2 e metano. Esses gases vão para a atmosfera, o que aumenta a temperatura global – eis o *feedback*. Se nada mais acontecer, o processo prosseguirá até o *permafrost* desaparecer. Pode ser esse o rumo que estamos tomando. Caso seja, o aquecimento global será mais severo e durará mais tempo do que as piores previsões feitas pelos cientistas.

Lembro-me de que, quando era menina, ouvia meu pai falar sobre como o degelo do *permafrost* já era óbvio em Cherskii, onde casas estavam afundando; algumas tombavam e caíam de lado. Quando as pessoas tentavam reconstruí-las, conseguiam atravessar a camada superior, já quente, mas vários centímetros abaixo o solo ainda estava duro como rocha, impossível de perfurar para cravar uma estaca.

Cherskii está abandonada há muito tempo. A maior cidade situada inteiramente em uma área de *permafrost* era Yakutsk, cerca de 450 quilômetros ao sul do Círculo Polar Ártico. Costumávamos ir lá, na minha infância, para ver o que uma cidade grande oferecia. Sua população, na época, era de 250 mil pessoas. Agora também está abandonada. Se você der a volta ao mundo observando as cidades próximas ao Círculo Polar Ártico que foram construídas total ou parcialmente sobre *permafrost*, vai descobrir que quase todas estão vazias ou em processo de esvaziamento. Na Rússia e na Escandinávia, além de Cherskii e Yakutsk, estão nessa situação Murmansk, Archangel, Norilsk, Tromsø e muitos povoados menores. No Canadá, Fairbanks, Echo Bay e Yellowknife.

Os modelos climáticos feitos por computadores haviam projetado que o Ártico esquentaria duas vezes mais rápido e atingiria temperaturas duas vezes mais altas que o restante do mundo. E estavam certos, pois revelaram que, tão logo o *permafrost* começasse a descongelar, os *feedbacks* o manteriam em processo de descongelamento. Qualquer pessoa que viva a algumas centenas de quilômetros do Círculo Polar Ártico sabe que sua propriedade está condenada, se não neste século, pelo menos no próximo.

Meu pai nos legou todos os artigos científicos que havia coletado, seus e de outros cientistas, e separou alguns para que recebessem atenção especial, caso alguém quisesse ver como as gerações anteriores haviam assegurado a destruição de nosso mundo – o mundo de seus netos, na verdade. Ao me preparar para nossa conversa, examinei alguns deles e posso dizer que a leitura foi dolorosa.

Em 2018, alguns geólogos, sobretudo finlandeses – cujo país se estendia acima do Círculo Polar Ártico –, decidiram escrever um relatório; eles precisavam saber qual o efeito do aquecimento global sobre o *permafrost*. Descobriram que até 2050 – apenas 32 anos no futuro para eles e, portanto, um fato passível de ocorrer durante a vida da maioria das pessoas que leram o trabalho – 4 milhões de pessoas e cerca de três quartos da *инфраструктура*, "infraestrutura", seriam vítimas dos estragos provocados no *permafrost*. A previsão acabou se mostrando correta. Agora, quando já estamos 34 anos além do ponto previsto, ainda não há fim à vista para o degelo do *permafrost*.

Encontrei outro artigo que previu com precisão que o degelo do *permafrost* encerraria as operações de petróleo e gás no Alasca, inclusive os poços de petróleo na encosta Norte, o Sistema de Oleodutos Trans-Alasca e outros oleodutos, além da área no noroeste da Sibéria onde tem início o principal gasoduto que abastece a União Europeia. Dá vontade de rir – é melhor que chorar, não? – o fato de as empresas de combustíveis fósseis terem se tornado as próprias vítimas. Elas já desapareceram, é claro, mas posso imaginar meu pai dando seu sorriso irônico ao ler a previsão feita nesse artigo. Talvez seja por isso que o guardou.

Quais são as últimas observações que você tem para meus leitores?

Tenho orgulho de meu pai e de meu avô pelo que tentaram fazer pela humanidade. O triste é que os chamados líderes daqueles dias não sabiam a diferença entre o Parque do Pleistoceno – um sonho científico provavelmente condenado ao fracasso – e a inflexível ciência do aquecimento global provocado pelo ser humano, sobre a qual quase todos os cientistas do mundo concordavam. Não sei ao certo se nós, russos, que conhecemos grandes tiranos e déspotas, temos palavras para rotular aqueles que destruíram nosso mundo. Mas deixe esta avó tentar: *Убийцы нерожденных детей*, "assassinos de crianças que ainda estão por nascer".

NANUK

Marie Pungowiyi, uma esquimó do Alasca, é antropóloga. Ela visitou minha casa durante uma viagem que fez aos 48 estados que ficavam abaixo no mapa.

Ninguém sabe quando os esquimós chegaram pela primeira vez à ilha de Kigiktaq, de onde vem minha gente, mas os arqueólogos encontraram indícios de que já estávamos lá centenas de anos antes da chegada do homem branco. A ilha tinha um porto protegido, mas a costa do mar de Chukchi é um lugar implacável, especialmente quando não há nada para bloquear o vento. Vivíamos do mar, mas o Chukchi poderia se voltar contra você em 15 minutos. Meu povo e muitos outros habitantes do oeste do Alasca quase morreram na década de 1880, uma época que chamamos de Grande Fome, depois que baleeiros ianques mataram todas as nossas morsas e baleias. Por volta do ano 1900, nosso povoado cresceu como um depósito de suprimentos para garimpeiros. Então, em 1997, antes mesmo de o nível do mar se elevar tanto, uma grande tempestade erodiu 10 metros da costa norte do nosso povoado, o que nos forçou a reassentar alguns prédios e casas.

Tempestades assim, é claro, sempre ocorreram. Mas nós, esquimós de Kigiktaq, sobrevivemos a elas e ao pior que o estreito de Bering e o mar de Chukchi lançaram sobre nós. No início deste século, a situação começou a mudar. Naquela época, meu tio-bisavô, Caleb Pungowiyi, era conselheiro especial para Assuntos

Nativos da Comissão de Mamíferos Marinhos. Eu gostaria de ler para o senhor um relatório que ele escreveu na época:

> Nossos ancestrais nos ensinaram que o ambiente do Ártico não é constante e que alguns anos são mais difíceis que outros. Eles também nos ensinaram que anos difíceis são seguidos por tempos de maior abundância e celebração. Mas mudanças modernas, que não partiram de nós, conforme descobrimos mediante outros aspectos da sabedoria ancestral de nossa cultura, levam-nos a querer saber quando os bons anos retornarão.
>
> Como meu ancestral temia, os bons anos não retornaram. Meu povo teve de abandonar totalmente Kigiktaq e se reassentar em outra parte. Então tempestades maiores que as que meu povo jamais conhecera destruíram nossa antiga aldeia, deixando a terra como os primeiros esquimós provavelmente a viram quando cruzaram o estreito de Bering milhares de anos atrás. A mesma coisa ocorreu no outro lado do oceano Ártico: os povos nativos não conseguiram manter suas tradicionais estratégias de sobrevivência no mundo mais quente de hoje e tiveram de abandonar suas casas e seus povoados.
>
> Eu sei que, antes de o aquecimento global começar realmente, as pessoas alegavam que ele beneficiaria o povo do Ártico, que todo aquele gelo problemático derreteria e nós gostaríamos das temperaturas mais altas. Quanta ignorância! Será que não sabiam que muitas de nossas cidades foram construídas sobre *permafrost*? Quando este descongelou, foi como se o solo sólido se derretesse embaixo de nós. Isso afetou até nossas cidades: o solo em Fairbanks ficou tão instável que muitos prédios na cidade tiveram que ser abandonados.
>
> O relatório de meu tio-bisavô demonstra quanto as condições

mudaram em Kigiktaq ainda na primeira década deste século. À medida que as temperaturas aumentavam – e lembro que aumentavam duas vezes mais no Ártico que globalmente –, mais gelo do mar derretia, e sempre mais cedo a cada ano, afastando da costa a camada de gelo. Morsas, focas e ursos-polares se foram, juntamente com o gelo, indo parar em lugares longínquos demais para que pudéssemos caçá-los – e longínquos demais também para que regressassem ao gelo sólido ou à terra. Assim, muitos deles morreram.

Quando o mar, o vento e as temperaturas mudavam, os animais também precisavam mudar, mas não sabiam como. *Nunavak*, a morsa, precisa descansar sobre o gelo entre seus repastos, caso contrário fica esgotada. Mas, à medida que o gelo derretia e seus locais de descanso se distanciavam dos locais em que se alimentavam, as morsas despendiam demasiada energia para retornar ao gelo. Então foram perdendo peso e morrendo, cada vez em maior número. O derretimento do gelo afetou também *otok*, a foca. Como o gelo derretia mais cedo, as focas tinham de abandonar suas tocas de gelo antes que seus filhotes tivessem idade suficiente para sobreviver. As pobres criaturinhas morriam antes mesmo de começarem a vida.

Todos os lugares onde viviam ursos-polares desapareceram. Os ursos, assim como as morsas, não são peixes; não podem nadar indefinidamente. Precisam descansar, acasalar e criar seus filhotes. Para fazer isso, precisam de gelo. Assim, quanto mais gelo derretia, mais os ursos tinham de nadar para chegar até as banquisas, gastando mais energia com menores chances de sobrevivência. Os cientistas nunca souberam ao certo como criaturas isoladas e solitárias como os ursos-polares encontravam parceiros, mas uma coisa era certa: quanto menos gelo havia, mais difícil era encontrá-los. Tocas de urso que derretiam muito cedo alteravam os padrões de hibernação e forçavam os filhotes a sair antes de terem crescido o suficiente para sobreviver. Tal como ocorria com as focas. Em algumas áreas do norte, à medida que o gelo marinho derretia, os ursos se moviam mais para perto das cidades, onde se tornavam alvo dos nossos caçadores nativos e de doentios caçadores de troféus. A matança diminuiu por algum tempo depois que o governo dos Estados Unidos, em 2008, incluiu o urso-polar na lista de espécies ameaçadas de extinção, mas logo foi retomada quando o governo não fez com que fosse cumprida a regulamentação. Um nome em uma lista nada significa a menos que a lei seja cumprida.

Uma das coisas mais tristes que meu povo viu foram ursos nadando longe da terra ou do gelo – às vezes, a dezenas de quilômetros. Ora, os ursos não tinham mapas nem computadores. Não sabiam que, se continuassem a nadar, chegariam a um ponto sem retorno. Não sabiam que o gelo, que sempre estivera presente, havia sumido. Primeiro nós os encontrávamos nadando; mais tarde, nos deparávamos com suas carcaças flutuando. Quando não estavam mortos havia muito tempo, nossos caçadores os rebocavam de volta para aproveitar a carne e a pele. Mas depois de algum tempo nunca mais vimos ursos mortos. O último *nanuk* foi visto na natureza em 2031. Os ursos se reproduzem em cativeiro, então as pessoas podem ver o *nanuk* nos zoológicos que ainda os têm. Estou fora disso. De qualquer forma, os zoológicos já estão quase extintos também.

Receio que meu povo desapareça da mesma forma que o urso-polar desapareceu. Nossos modos de vida tradicionais se derreteram com o gelo e não há nada que os substitua. Não temos indústrias nem empregos e, sem caça, não temos como nos sustentar, isolados como estamos. É verdade que o clima está mais quente – só que isso nos prejudicou em vez de nos ajudar. O que as pessoas farão com o último esquimó? Vão colocá-lo em um zoológico?

PARTE 5
GUERRA

A GUERRA DOS QUATRO DIAS

O general Moshe Eban está na reserva do Exército israelense desde 2070. Ele é uma autoridade na guerra de 2038, conhecida como Guerra dos Quatro Dias, na qual serviu como um jovem oficial de artilharia nas colinas de Golã.

General Eban, este século demonstrou que, em uma terra seca, o homem que vive rio acima é rei.

Sim, e esse fato levou todas as nações da região a tentarem se manter nas terras mais elevadas. Israel sabia que, embora a religião, o nacionalismo e a história fossem fontes de conflito entre nós e as nações árabes, a luta final seria pela água – a única coisa sem a qual nenhuma nação e nenhuma pessoa conseguem viver. Quando o presidente egípcio Anwar Sadat assinou um tratado de paz com Israel há mais de um século – selando a própria condenação –, disse que, caso o Egito fosse à guerra novamente, seria para proteger seus recursos hídricos. Em 1990, o rei Hussein disse que a água era a única razão pela qual a Jordânia iria à guerra contra Israel. Ban Ki-Moon, secretário-geral da ONU antes do colapso da organização, advertiu que a falta de água provocaria guerras no século XXI. E os eventos deste século provaram que todos estavam certos. Os líderes de Israel não precisavam fazer esse tipo de declaração – era óbvio que, sem água, nossos experimentos na construção de um país estavam fadados ao fracasso.

Desde que se declarou um Estado independente, Israel lutou

pela água contra seus vizinhos árabes de todas as formas, desde escaramuças até guerras totais. A raiz do problema ficou clara já na guerra árabe-israelense de 1948. O conflito terminou em armistício; porém, ao não especificar como os países da bacia do Jordão dividiriam a água do rio, tornou inevitáveis contendas futuras. Sem alternativa, Israel e outros países da bacia começaram a se apossar da água de que precisavam. Para impedir que Israel tivesse acesso ao Jordão, os países árabes vizinhos anunciaram que iriam desviar o curso do rio em suas cabeceiras, nas colinas de Golã, o que impediria Israel de utilizar as águas do Jordão e do rio Yarmuk. Como não poderíamos permitir tal coisa, iniciamos, em 1967, o que ficou conhecido como a Guerra dos Seis Dias. Durante aquele breve conflito, Israel tomou as colinas de Golã, onde servi mais tarde, bloqueando os planos árabes e ganhando o controle do alto Jordão. Israel também obteve metade do comprimento do Yarmuk, em comparação com os 10 quilômetros que controlávamos antes da guerra. Após a Guerra dos Seis Dias, quando a Jordânia desejou desenvolver sua seção do Yarmuk, precisou obter nosso consentimento.

A água também desempenhou um papel importante na evolução da antiga Organização para a Libertação da Palestina. Quando ganhou novas lideranças após a Guerra dos Seis Dias, a OLP começou a invadir assentamentos israelenses no vale do Jordão, inclusive estações de bombeamento e outras instalações hidráulicas. Em retaliação, Israel atacou o canal de Ghor Oriental, na Jordânia, e o colocou fora de ação. Fechamos então um acordo secreto que permitiu à Jordânia consertar o canal, desde que expulsasse a OLP de seu território. Esse fato provocou um confronto entre os jordanianos e a OLP, numa época que ficou conhecida como Setembro Negro. Tal contenda semeou ódios duradouros em uma parte do mundo onde as memórias são longas. Ainda que tenham ocorrido no século passado, tais eventos são essenciais para a compreensão das origens do conflito do século XXI no Oriente Médio.

Nos primeiros anos deste século a região sofreu uma rigorosa seca. E quanto mais o aquecimento global elevava as temperaturas e reduzia as chuvas, mais a vazão dos rios declinava. Em 2030, o volume do rio Jordão já havia diminuído cerca de 20%, exigindo que Israel e seus vizinhos bombeassem água de aquíferos subterrâneos. Mas era uma água fóssil, que levara milhares de anos para se acumular, e nós a estávamos drenando muito mais rapidamente do que a natureza podia repô-la. À medida que as populações aumentavam, mais água era bombeada e mais os lençóis subterrâneos encolhiam. Já podíamos antever o momento em que a água estaria numa profundidade tão grande que nem as bombas mais poderosas conseguiriam extraí-la. Lembro que água é uma coisa pesada: 1 metro cúbico de água pesa cerca de 28 quilos. Levar água subterrânea até a superfície exige uma grande quantidade de energia.

A raiz do problema ficou clara logo na primeira década deste século, quando, antes mesmo que o aquecimento global começasse a reduzir a vazão do Jordão, percebemos que mais água havia sido prometida a Israel, Jordânia e Síria do que o rio podia suportar.

A explosão demográfica tornou tudo pior. No ano 2000, cerca de 2,9 milhões de palestinos viviam na Cisjordânia e em Gaza. Em 2015, esse número aumentara para algo em torno de 4,5 milhões. E, em 2030, para 6 milhões. Israel teve incrementos populacionais equivalentes. Assim, em meados da década de 2020, palestinos e israelenses eram muito mais numerosos, mas, em função do aquecimento global, havia ainda menos água do que antes.

Na década de 2020, organizações como Hamas e Hezbollah, financiadas pelo Irã, estavam cheias de dinheiro. Os ataques terroristas contra Israel aumentavam constantemente e nos vimos impotentes para detê-los. Isso porque Israel já não era o único Estado do Oriente Médio a ter armas nucleares. O Irã deixara o acordo de não proliferação nuclear e conduzia vários testes subterrâneos. Portanto, não havia dúvida de que, embora alegasse estar construindo instalações nucleares para fins pacíficos, na primeira década do século o Irã estava de fato construindo bombas. Israel certa vez bombardeara e destruíra um reator nuclear iraniano; isso, porém, levou os iranianos a enterrar profundamente suas instalações, de modo que qualquer ataque nuclear contra o país produziria uma nuvem radioativa tão grande que poderia se deslocar em qualquer direção, inclusive na de Israel. No final da década de 2020, sabíamos que os iranianos tinham pelo menos várias dúzias de ogivas nucleares – e bastava um punhado para destruir Israel. Além disso, temíamos que algumas das organizações terroristas, cuja política anunciada era "varrer Israel do mapa", tivessem adquirido armas nucleares no bazar atômico global, que só fizera crescer.

Assim, pela primeira vez desde a fundação de Israel em 1948, nós, israelenses, começamos a perder a confiança na sobrevivência de nossa nação. Como sempre fazíamos quando tínhamos problemas, apelamos para nosso patrono, os Estados Unidos. Em uma reunião de cúpula secreta entre israelenses e americanos, realizada em 2028 na ilha de Malta, recebemos a garantia de que, se Israel tivesse de ir à guerra, os Estados Unidos tomariam todas as medidas necessárias para nos defender, inclusive o uso de armas nucleares táticas. Mas se há uma coisa que nós, no Oriente Médio, aprendemos é que promessas são feitas para serem quebradas. Os Estados Unidos manteriam a palavra?

Em 2038 o Egito começou a concentrar tropas ao longo da fronteira com o deserto de Negev, como fizera diversas vezes no século XX. Às 18 horas do dia 15 de outubro daquele ano, justamente ao pôr do sol, quando os raios solares dificultavam nossa visão, tanques egípcios seguidos por dois regimentos de tropas cruzaram a fronteira com o Negev. Respondemos com blindados, tropas e aviões e os derrotamos completamente. Mas fora fácil demais. Alguns de nossos generais começaram a suspeitar de um estratagema.

Para controlar o abastecimento de água na bacia do Jordão, reza um antigo ditado, siga rio acima e ocupe as colinas de Golã. Essa era a regra desde os tempos antigos. Na Guerra dos Seis Dias, foi isso que Israel fez, o que nos proporcionou o controle tanto das cabeceiras do Jordão quanto do Yarmuk. Dois dias após a incursão egípcia, a Jordânia, a Síria e seu Estado-cliente, o Líbano, deflagraram um ataque tripartido coordenado e de grande envergadura contra as colinas de Golã, surpreendendo nossos militares. Olhando em retrospecto, posso entender que passar noventa anos cercados por inimigos determinados a destruir Israel nos exauriu. Quanto tempo pode um país permanecer em um perpétuo estado de alerta? Com tantos inimigos bem armados e três deles atacando o Golã, receamos que, se travássemos uma guerra convencional, Israel poderia perder. Nossa única opção foi a ameaça de usarmos nossas armas atômicas.

Enviamos diplomatas com bandeiras brancas a Amã, Beirute, Cairo e Damasco. Informamos aos governos desses países que, como já sabiam, Israel possuía armas atômicas e que estas já estavam montadas em nossos caças-bombardeiros supersônicos Aurora, obtidos dos Estados Unidos e direcionados às quatro capitais. Nossos inimigos sabiam que, voando a Mach 6, alguns Auroras – se não todos – escapariam da detecção do radar e atingiriam seus alvos. Com uma velocidade de até 6.440 quilômetros por hora, o voo de 400 quilômetros de Tel Aviv ao Cairo levaria menos de dez minutos. Assim, seria impossível abater todos os Auroras, mesmo que o radar inimigo os detectasse.

Foi quando o Irã entrou em cena, anunciando que, antes mesmo de receber um pedido de seus irmãos árabes, já enviara parte de seu arsenal nuclear para a Síria em seguida a uma enorme transferência de tropas que iriam se juntar à luta para obliterar a nação de Israel – uma antiga meta do Irã. Vale lembrar que, a essa altura, a Organização das Nações Unidas e a Agência Internacional de Energia Atômica haviam há muito desaparecido, deixando os israelenses sem opção a não ser enfrentarem sozinhos a dura realidade: já não éramos a única potência do Oriente Médio a possuir armas nucleares. Se usássemos as nossas, os árabes usariam as deles e toda a região poderia explodir em uma conflagração atômica – um holocausto.

Nossa única alternativa era apelar aos Estados Unidos para que cumprissem a promessa e nos apoiassem na Guerra do Golã. Vocês tinham mais armas nucleares que qualquer país e melhores meios para usá-las. Navios de guerra americanos, carregados com mísseis nucleares, já navegavam no Mediterrâneo oriental. Os Estados Unidos poderiam destruir impunemente as quatro capitais.

Mas vocês estavam preocupados com seus problemas e ignoraram nossos apelos de emergência. À medida que as horas passavam sem que obtivéssemos resposta e com uma grande perda de territórios no Golã, percebemos que o jogo havia acabado. Não tivemos escolha a não ser nos render e nos retirar para a Linha Verde – ou seja, para as fronteiras traçadas após a guerra árabe-israelense de 1948. Fomos obrigados a desistir das colinas de Golã, da Cisjordânia, da Faixa de Gaza e a reconhecer formalmente o Estado da Palestina. Agora, para conseguir água, teríamos de apelar aos palestinos, nossos inimigos de longa data. Os eventos inverteram nossos papéis; agora nós, israelenses, éramos a minoria oprimida, desesperada e sedenta. Nossa derrota demorou quatro dias; por isso nossos inimigos zombeteiramente a chamam de Guerra dos Quatro Dias.

É claro, o resultado não satisfez ninguém. Israel havia perdido tudo que ganhara entre 1948 e 2038. Nossos líderes temiam que, tendo obtido tantas conquistas, nossos inimigos quisessem ainda mais e empurrassem Israel para o mar. Mas então ocorreu uma situação curiosa.

À medida que os efeitos do aquecimento global se agravavam e a produção mundial de petróleo diminuía, os países árabes tinham muito mais coisas em suas mentes que a obsessão com Israel. As despóticas nações petrolíferas e seus patronos perceberam para onde estavam indo – e era para a destruição. Os palestinos, tendo conquistado a terra e a condição de Estado que há muito ambicionavam, aquietaram-se, juntamente com seus patrocinadores. Nós permanecemos na encolha, como se diz; depois de algum tempo, alcançamos uma estranha espécie de *détente* com nossos vizinhos árabes. É possível que quanto mais energia as pessoas tenham de gastar para simplesmente sobreviver, menos sobre para o ódio e a guerra.

O que o futuro reserva, não podemos saber. Mas sabemos que, à medida que o mundo continua a esquentar, deixando nossa região ainda mais seca, em breve não haverá água suficiente para sustentar a atual população do Oriente Médio. Como em muitas partes do mundo, a questão é sabermos como passar da população atual para uma população sustentável.

A GUERRA DO INDO

O marechal Raj Manekshaw é o comandante do Exército indiano, cujo quartel-general está situado na cidade de Hyderabad. Na época da Guerra do Indo, travada em 2050 entre a Índia e o Paquistão, o general Manekshaw era um jovem tenente que servia na região do Rann de Kutch.

Li em algum lugar que, no início do século, algumas pessoas diziam que era um absurdo acreditar que o aquecimento global poderia provocar guerras, que dirá com o uso de armas atômicas. Essas pessoas nada sabiam a respeito da história da Índia e do Paquistão! Nossos países lutaram três vezes no século XX e a Índia venceu as três. O Paquistão e Bangladesh nasceram da guerra. Como os próprios paquistaneses dizem: *Naa adataan jaandiyan ne, Bhavein katiye pora pora ji*" – "Um homem nunca abandona seus hábitos, mesmo que seja feito em pedaços". Já havíamos lutado por terras e por orgulho nacional. Eles achavam que não lutaríamos por algo tão precioso quanto a água?

Lembre-se de que o próprio nome de nosso país foi inspirado em um rio: o Indo. O Indo é formado pelo degelo de geleiras da cordilheira Caracórum – que em certa época cobriam 18 mil quilômetros quadrados – e flui principalmente para o oeste através do território de Jamu e Caxemira (pertencente à Índia, mas disputado pelo Paquistão), do Punjab (região dividida entre a Índia e o Paquistão) e da maior parte do Paquistão, até desaguar no oceano Índico, em Karachi. A palavra *punjab* significa "cinco rios", que são os cinco principais afluentes do Indo. Esse grande rio transforma o Punjab no celeiro do Paquistão e fornece quase toda a sua água potável. Quem controla o Indo controla o Punjab. Portanto, sabíamos que um dia teríamos de resolver quem o faria. O aquecimento global nos trouxe esse dia.

Estando a jusante do Indo, os paquistaneses, compreensivelmente, temiam que a Índia algum dia represasse o rio e seus tributários, bloqueando – quando uma guerra viesse – o suprimento de água para o Paquistão. Ou, como foi feito em outras guerras, abrisse as comportas dos reservatórios e inundasse todas as terras rio abaixo.

Para aplacar esses temores, os dois países assinaram em 1960 o Tratado das Águas do Indo – que deu à Índia o controle dos rios ao leste do Punjab e ao Paquistão o controle dos rios ao oeste. A paz foi rompida com a independência do Paquistão Oriental como Bangladesh, que originou a Guerra Indo-Paquistanesa de 1971. Não demorou muito para que represas e instalações hidrelétricas se tornassem alvos. Em 5 de dezembro de 1971, caças Hawker Hunter atacaram e danificaram a represa de Mangla, no Paquistão, uma das maiores do mundo na época. A essa altura, já havíamos derrotado a Força Aérea do Paquistão e os céus acima do Punjab eram nossos. Para o bem ou para o mal, não revogamos o tratado das águas em nenhuma de nossas três guerras com o Paquistão.

Em meados deste século, a Índia e o Paquistão tinham centenas de bombas de plutônio e mísseis para lançá-las. Nós, indianos, tínhamos muitas, com várias ogivas, capazes de destruir todas as cidades paquistanesas com mais de 500 mil habitantes, várias vezes. Mas sabíamos que os paquistaneses tinham a mesma capacidade. E nenhum dos países ignorava que, dada a história de inimizade entre ambos, não era preciso muito para uma nova guerra ser deflagrada. Na metade do século, a questão que daria início à Guerra Indo-Paquistanesa do século XXI já se tornava evidente: não seriam territórios nem a religião. Seria a água. O Indo, nosso homônimo e nossa bênção, tornou-se a maldição que levou o subcontinente indiano a uma guerra nuclear.

Nas primeiras décadas deste século, à medida que o clima esquentava, as geleiras Caracórum – das quais o Indo e os outros rios de Jamu e Caxemira e do Punjab dependiam – começaram a derreter rapidamente. Durante vinte anos, a vazão dos rios foi maior que em qualquer outra época desde a década de 1800, quando começou a ser registrada. As inundações devastadoras resultantes tornavam difícil levar alguém a dar ouvidos aos cientistas, segundo os quais, após o derretimento das geleiras, o Punjab teria secas em vez de inundações.

No fim da década de 2040, a vazão do Indo caíra cerca de 30%. Jamu e Caxemira e o Punjab se viram diante das mesmas perspectivas que haviam devastado Bangladesh: os rios dos quais cada qual dependia secariam por vários meses todos os anos, provocando grandes perdas de safras e fome generalizada, flagelos que ameaçariam a própria sobrevivência do Punjab e do Paquistão.

Prevendo a escassez, começamos a construir novas barragens em Jamu e Caxemira, a montante do Punjab. Também aumentamos a altura das represas existentes para que seus reservatórios retivessem mais água. Olhando em retrospecto, percebemos que eram projetos tolos, pois encher reservatórios, novos ou elevados, requer água excedente e não havia nenhuma. Mas as pessoas não conseguiam abandonar a velha crença em que o melhor modo de resolver a escassez de água é construir novas represas. Na tentativa de encher nossos reservatórios, cortamos o fluxo de água para o Paquistão, embora isso significasse a geração de menos energia elétrica para nós. Porém, conforme aprendemos, uma nação pode viver com menos eletricidade, mas não sem água.

Em uma fase anterior, o Paquistão teria protestado contra as ações da Índia junto às Nações Unidas e pedido a seu patrono intermitente, os Estados Unidos, que interviessem e nos persuadissem a liberar mais água. Mas a ONU não existia mais e a única saída para o Paquistão era pedir à Índia, diretamente, que revisasse o Tratado das Águas do Indo. Em uma fase anterior, mais uma vez, poderíamos ter concordado. Mas na década de 2040 nenhuma nação abriria mão, voluntariamente, da água sob seu controle – observe que estou dizendo "controle", não "direito legal". Estávamos rio acima, portanto controlávamos a água. Assim, a Índia rejeitou o pedido do Paquistão de renegociar o tratado e continuou a represar a água do Indo e de seus afluentes em Jamu e Caxemira.

Olhando em retrospecto, acredito que, nesse clima geral de desconfiança e antagonismo, dois eventos em particular desencadearam a Guerra Indo-Paquistanesa do século XXI. Desde a separação, em 1947, os insurgentes muçulmanos realizavam ataques e sabotagens em Jamu e Caxemira e, às vezes, em outras partes da Índia. Na década de 2040 – à medida que o abastecimento de água caía e o Paquistão passava a ter um interesse crescente em obter o controle de Jamu e Caxemira – os ataques aumentaram. E alcançaram um novo e perigoso nível quando comandos paquistaneses e insurgentes muçulmanos bombardearam e destruíram parcialmente a represa de Salal e a usina hidrelétrica do rio Chenab, nas terras indianas do vale de Caxemira, gerando, como efeito imediato, a liberação de água rio abaixo, o que prejudicou ambos os países. Mas, quando as enchentes minguaram, o Chenab retomou seu fluxo desimpedido para o Paquistão, deixando os paquistaneses em situação melhor do que antes do ataque. Consideramos esse ataque uma operação de guerra.

Em maio de 2048, com a escassez de água se abatendo sobre nós, guerrilheiros paquistaneses bombardearam o prédio do nosso Parlamento, matando várias dezenas de membros do governo. O primeiro-ministro escapou somente porque saíra pela porta dos fundos minutos antes da explosão.

Capturamos dois dos terroristas e, embora eles não tivessem nenhum documento, nossos hábeis interrogadores os levaram a confessar que eram paquistaneses. Não vou descrever as habilidades deles porque o senhor não vai gostar. O governo paquistanês negou ter qualquer conhecimento dos ataques, o que já era de esperar. Pedimos então ao Paquistão que fechasse seus acampamentos de rebeldes situados em Jamu e Caxemira e cedesse à Índia uma faixa fronteiriça com 50 quilômetros de largura, com o objetivo de bloquear a infiltração de novos insurgentes. Como os paquistaneses se recusaram a fazer isso, fechamos os sangradouros de todas as nossas represas a jusante da fronteira, cortando os suprimentos de água para o Punjab paquistanês.

Nós, militares, sabíamos que uma guerra, provavelmente nuclear, não poderia ser evitada. Quando começamos a carregar nossas armas nucleares nos mísseis, sabíamos que os paquistaneses estavam fazendo o mesmo. Uma equipe de comandos indiana cruzou a Linha de Controle, em Mendhar, e se apoderou da represa de Mangla, no rio Jhelum, dentro do território paquistanês, a mesma que havíamos atacado em 1971.

Os paquistaneses nos avisaram de que se as tropas indianas não saíssem de lá imediatamente, deixando a represa de Mangla intacta, eles agiriam e todas as opções estavam sobre a mesa. Para o caso de termos alguma dificuldade em entender o que queriam dizer, o presidente do Paquistão, em linguagem invulgarmente direta, lembrou à Índia e ao mundo que seu país jamais renunciara ao uso de armas nucleares numa guerra nem descartaria um primeiro ataque.

No dia 14 de abril de 2050, o Paquistão detonou uma bomba atômica tática que pulverizou um batalhão indiano estacionado perto da represa de Mangla – o meu batalhão. Eu fora a um encontro com nossos generais e estava longe dali, caso contrário teria morrido junto com meus homens. Para mim, esse incidente se tornou um caso pessoal. A bomba paquistanesa havia sido programada para explodir ainda no ar; portanto, embora todos abaixo tivessem morrido no mesmo instante, não houve a precipitação radiativa que uma explosão terrestre teria provocado. Talvez isso tenha sido um sinal de contenção do Paquistão, juntamente com o fato de eles terem usado apenas uma arma tática de 5 quilotons que explodiu no ar. Mas tal estratégia não produziu uma restrição semelhante do nosso lado.

Nossa resposta foi lançar na cidade de Lahore uma bomba de plutônio de 200 quilotons que explodiu no chão e obliterou a cidade, causando cerca de 1 milhão de mortes. Em seguida, exigimos que o Paquistão parasse de usar armas nucleares e iniciasse negociações de paz. Mas temos um ditado em hindi: *Bhains ke aage been bajana*" – "Tocar flauta para um búfalo é um desperdício". A inimizade de cem anos entre nossos países levou os líderes paquistaneses a recusar a proposta da Índia. No momento em que anunciaram que estavam recusando nossa oferta, duas dúzias de mísseis paquistaneses, munidos com dispositivos de plutônio de até 300 quilotons, já estavam no ar. Dezenas de mísseis de reentrada múltipla independentemente direcionada (MIRVs, na sigla em inglês) atingiram Bangalore, Calcutá e Nova Delhi, destruindo completamente as três cidades. O ataque destruiu a sede do governo indiano e tudo mais que havia em um raio de quilômetros. Mas tínhamos transferido secretamente nosso governo e os líderes militares para Hyderabad. Os paquistaneses não se preocuparam em bombardear Mumbai, nossa maior cidade, porque o aumento do nível do mar e as chuvas trazidas pelas monções já tinham inundado metade de sua área, matando dezenas de milhares e deixando centenas de milhares – talvez milhões – de pessoas sem teto. As estações de trem, a bolsa de valores e os edifícios públicos mais importantes de Mumbai já estavam em ruínas. Nossos inimigos devem ter decidido não desperdiçar uma bomba em ótimo estado numa cidade que já estava condenada.

Como nossos sistemas de detecção antecipada estavam em alerta máximo havia semanas, não houve dificuldade em detectar a assinatura de calor dos mísseis paquistaneses segundos após seu lançamento. Antes que um único chegasse, os nossos já estavam a caminho. Os paquistaneses se gabavam de que os Estados Unidos lhes haviam fornecido um sistema de defesa antimísseis infalível, mas nossa inteligência revelou que nem os Estados Unidos nem o Paquistão tinham um sistema que funcionasse, se é que algum já funcionou, algo de que duvidamos. Tínhamos ogivas maiores e mais numerosas e mísseis mais precisos para lançá-las. A Índia poderia ter acabado com toda a vida no Paquistão, se quisesse, e ainda teria população suficiente para ir em frente. Nós sabíamos disso e eles sabiam disso.

Depois que nossas ogivas destruíram Islamabad e Karachi, nossos líderes suspenderam o ataque. Mas anunciaram a lista de alvos restantes, que incluía todas as cidades do Paquistão, suas represas, instalações militares, todos os seus laboratórios de armas nucleares e assim por diante. Lembramos aos nossos inimigos um ditado indiano: "Muitos cães matam uma lebre, não importa quantas voltas ela dê." Nosso primeiro-ministro anunciou à imprensa que, caso fosse necessário, estávamos preparados para devolver o Paquistão à Idade da Pedra. Um item da lista de alvos foi particularmente influente: o local do *bunker* secreto na montanha para onde o governo paquistanês se retirara, mas que nossos espiões haviam localizado. Anunciamos que reserváramos a maior bomba de hidrogênio jamais explodida – uma verdadeira destruidora de *bunkers* – para aquele local; e que essa bomba já estava montada em um míssil; que estávamos com o dedo sobre o botão. Demos a eles 24 horas para que respondessem.

Ambos os países haviam feito inúmeras simulações de guerra

nuclear, as quais revelaram que um conflito continuado destruiria os dois países, sem deixar nenhum vencedor. A essa altura, com dezenas de milhões de mortos em poucas horas, qualquer desejo de vingança que porventura um dos lados tivesse sentido já teria sido saciado. Estávamos realmente encarando o abismo. Nosso presidente citou o *Bhagavad Gita*, texto sagrado indiano: "Se a radiação de mil sóis explodisse ao mesmo tempo no céu, seria como o esplendor do Poderoso. Agora me tornei a Morte, a destruidora de mundos." Ele nos disse que não queria ser o homem que cumpriria a profecia.

Uma facção do governo paquistanês, apoiada pelo Exército, deu um golpe que derrubou a liderança existente e estabeleceu um novo grupo no poder. Os novos líderes estavam dispostos a se afastar do precipício. Por conseguinte, ambos os lados instalaram uma linha de telefone direta, via satélite, em seus respectivos *bunkers*. Poucas horas depois da destruição de Islamabad e Karachi, os líderes dos dois países negociaram um cessar-fogo.

Um dos resultados de nossa quarta vitória sobre o Paquistão foi que a Índia adquiriu soberania incontestável sobre Jamu e Caxemira e sobre a metade sul do Punjab paquistanês. Mas, sem água suficiente, essas províncias provaram ser mais um fardo que uma bênção. Assim, o único resultado da guerra foi a morte de um grande número de indianos e paquistaneses. A esta altura – com o Paquistão sem três grandes cidades e com seu Punjab quente e seco demais para o trigo –, é difícil vislumbrar um futuro para esse país, que nasceu na guerra e pode ter morrido na guerra.

Quantas pessoas o senhor acha que morreram na guerra?

Podemos calcular com bastante precisão quantos morreram nas cidades indianas e paquistanesas como resultado direto das explosões terrestres. Sabemos quantos sucumbiram ao envenenamento por radiação nas primeiras semanas que se seguiram à guerra. Agora, cerca de 34 anos depois, podemos calcular quantos morreram de câncer e outras doenças que podem ser atribuídas à radiação generalizada que caiu sobre ambos os países. A estimativa mais plausível é que a quarta Guerra Indo-Paquistanesa custou 150 milhões de vidas.

A GUERRA DO CANADÁ

O Honorável Neale Fraser foi o primeiro governador do estado americano de Manitoba. Ele falou comigo da casa de repouso onde mora, em Winnipeg, capital do estado.

Muitos dos meus conterrâneos canadenses me consideram, na melhor das hipóteses, um colaboracionista; na pior, um traidor. É um julgamento fácil para eles, pois não tinham a responsabilidade que eu tinha. O Canadá perdera a guerra; resistir mais não nos levaria a lugar nenhum, ou pior. Como primeiro-ministro de Manitoba, meu trabalho era tirar o melhor proveito de uma situação ruim em nome da província e do Canadá. Além disso, eu estava sob as ordens de Ottawa e do primeiro-ministro Pierre Campbell. Se tivesse me recusado a assumir o cargo de governador do estado americano de Manitoba, teria sido um alívio imediato para mim e alguém menos comprometido teria assumido o cargo. Portanto, acredito que a história me inocentou e restaurou minha reputação. Pelo menos, minha consciência está limpa.

É claro, lamento a perda da nação soberana do Canadá tanto quanto qualquer um. Mas nós, em Manitoba, ainda estamos muito melhor que 99% das pessoas no mundo. Temos um clima favorável, comida abundante e somos tão autossuficientes quanto qualquer um poderia ser: cultivamos e fabricamos tudo de que precisamos aqui. Vivemos agora como nossos ancestrais viviam no início do século XIX, e eles viviam bem. Ademais – e a importância disso não deve ser subestimada –, estarmos no centro de um continente sem – pelo menos nas primeiras décadas do século – hordas de refugiados climáticos se amontoando em nossa fronteira não é apenas uma vantagem, mas a chave para nossa sobrevivência como nação. No entanto, é claro, tínhamos vizinhos no outro lado da fronteira, e é nesse ponto que nossa história começa.

A invasão do Canadá pelos Estados Unidos, caso o aquecimento global se agravasse muito, não seria uma surpresa para ninguém em ambos os lados da fronteira. Quando a parte sul dos estados americanos esquentou muito, houve um êxodo de lugares como Houston e Phoenix, e muitos dos retirantes se mudaram para estados logo abaixo de nossa fronteira. De lá, olhavam para o norte e viam nossos espaços abertos, um clima mais frio e campos férteis.

As temperaturas na parte central dos Estados Unidos estavam se tornando desconfortáveis para as pessoas e também desfavoráveis para o trigo. Os agrônomos haviam projetado que um aumento na temperatura da ordem de 1,1°C reduziria a produção de trigo entre 5% e 15% – e o aumento total da temperatura agora é três vezes maior. Já na década de 2040, o trigo vermelho de inverno, do qual Texas e Oklahoma dependiam, não mais podia ser cultivado nesses estados. Ainda era possível cultivar trigo vermelho de inverno no Colorado e no Kansas, mas sem lucro. O trigo vermelho de primavera, que vicejava em estados do norte como Montana, as Dakotas e Minnesota, já não podia ser cultivado lá: o clima que favorecia esse tipo de trigo havia migrado para cá. Os fazendeiros americanos sabiam que a temperatura só iria subir, tornando mais difícil e finalmente impossível cultivar o tipo de trigo que sempre cultivaram. Se prestasse atenção, qualquer americano produtor de trigo poderia ver que seus filhos – caso se tornassem agricultores – teriam de cultivar uma variedade diferente de trigo. Ou desistir da agricultura. Era óbvio que o cultivo de trigo na América do Norte durante a segunda metade do século XXI seria praticado no Canadá, não nos Estados Unidos. A certa altura, pessoas no mundo todo começaram a notar que o aquecimento global não iria acabar tão cedo, de modo que, se as coisas estavam ruins hoje, amanhã estariam piores. Em outras palavras, mesmo que os jovens americanos ainda pudessem cultivar trigo, era provável que os filhos deles não tivessem sucesso.

À medida que as temperaturas aumentavam e as colheitas diminuíam, cada vez mais americanos queriam emigrar para cá. Na década de 2030, quando a pressão pela imigração começou a aumentar, fechamos a fronteira e acabamos com a imigração legal para o Canadá, tal como vocês fizeram com seus vizinhos do sul.

Mas não conseguimos acabar com a imigração ilegal. A fronteira entre os Estados Unidos e o Canadá era a fronteira internacional não defendida mais longa do mundo: 5.060 quilômetros na parte terrestre e 3.830 quilômetros na parte aquática. Não havia como evitar que milhares de americanos entrassem ilegalmente no Canadá todos os anos, assim como milhares de mexicanos antes cruzavam a fronteira sul dos Estados Unidos.

Depois que as aves de rapina, como nós os chamávamos, cruzavam a fronteira, não tinham nenhuma dificuldade em encontrar acampamentos de compatriotas que os acolhiam. Sentimentos anticanadenses floresciam nesses acampamentos e muitos de seus moradores estavam bem armados. Vocês, americanos, sempre tiveram o maior índice de posse de armas entre todos os países e suas armas emigraram com vocês. Estávamos prestes a descobrir como estavam bem armados.

Morris, em Manitoba, era uma pequena cidade agrícola e pecuária com 2 mil habitantes situada 72 quilômetros ao norte da fronteira, no vale do rio Vermelho. Por acaso, é minha cidade natal. Sua espessa argila preta forma um dos melhores solos agrícolas do mundo. Dezesseis quilômetros ao oeste de Morris havia um esquálido enclave americano que seus moradores apelidaram de Cidade Livre. Naquela época, nós, habitantes de Manitoba, estávamos em melhor situação que a maioria das pessoas, por conta das prósperas safras de trigo que sustentavam nossa economia. Os americanos da Cidade Livre, por sua vez, eram mal alimentados e alguns estavam à beira da desnutrição. Para piorar as coisas, mais americanos continuavam chegando ao acampamento.

O líder da Cidade Livre era um agitador que não parava de açular seu povo, destacando que não era certo que os americanos enfrentassem a desnutrição, se não a fome, enquanto alguns quilômetros adiante os canadenses desfrutavam das recompensas que o aquecimento global negara aos americanos.

No dia 30 de abril de 2046, americanos da Cidade Livre, bem armados e bastante embriagados, entraram em Morris e confiscaram a delegacia de polícia, os escritórios municipais, a usina de energia e a estação de tratamento de água da cidade. Depois prenderam as autoridades civis da pequena cidade, invadiram o supermercado e a loja de bebidas e se serviram. Assim que Morris foi controlada pelos americanos, a Cidade Livre se esvaziou e seus residentes rapidamente se estabeleceram lá.

Nosso governo já esperava um incidente que expusesse o conflito entre canadenses e imigrantes americanos ilegais. Assim, enviamos a Morris um destacamento da Real Polícia Montada. Seguiu-se uma batalha, com perdas significativas de ambos os lados. Nossos *mounties* não sabiam que os americanos estavam tão bem armados nem que lutavam tão bem. Muitos deles eram veteranos das várias guerras do Oriente Médio em que os Estados Unidos se envolveram no início do século. Estavam agora na casa dos 50 ou 60 anos, mas não haviam perdido a habilidade para lutar.

No final, entretanto, os combatentes da Cidade Livre não foram páreo para nossos policiais, que os encurralaram. À medida que foram se aproximando, a Batalha de Morris começou a se transformar no tipo de última resistência que vocês, americanos, adotaram no Álamo. Só que, dessa vez, os americanos em apuros conseguiram chamar reforços dos Estados Unidos, tropas estacionadas no outro lado da fronteira que aguardavam um incidente como esse para ter a desculpa de invadir o Canadá.

Os Estados Unidos enviaram uma brigada mecanizada, que cruzou a fronteira e subiu a Rodovia 75 em direção a Morris. Levou apenas duas horas para viajar os 72 quilômetros e começar a derrotar nossos policiais, que não estavam preparados para enfrentar tanques. Quando a fumaça se dissipou, 35 americanos da Cidade Livre e 5 soldados americanos haviam perdido a vida – contra 200 *mounties* e 6 civis canadenses.

As notícias da incursão americana se espalharam rapidamente. O governo canadense decidiu retaliar e, em 5 de maio de 2046, o Canadá declarou guerra aos Estados Unidos. Nosso governo sabia que era um esforço inútil, evidentemente, já que vocês nos superavam em número e tinham forças armadas muito mais poderosas. Ainda assim, a honra exigia que lutássemos. E se lutássemos, acreditavam nossas autoridades, seríamos capazes de negociar termos melhores do que se nos rendêssemos sem lutar. Parece que nunca passou pela cabeça de nossos líderes que eles presidiriam a perda da soberania canadense.

Caças-bombardeiros canadenses do 17º Esquadrão deixaram a base de Winnipeg e rumaram para os acampamentos que o Exército americano estabelecera nas proximidades de Morris. Alguns deles cruzaram a fronteira e bombardearam as bases da Dakota do Norte, de onde partira a brigada mecanizada. Tão logo as primeiras bombas caíram em solo americano, os Estados Unidos declararam guerra ao Canadá. Uma esquadrilha de caças ultrassupersônicos Aurora decolou de sua base em Minot, Dakota do Norte, destruiu rapidamente os obsoletos aviões canadenses que encontrou no ar e voou até nossa base de Winnipeg, onde destruiu, no solo, os aviões restantes. Em metade de um dia, os Estados Unidos assumiram o comando dos céus do Canadá central. Foi só o início.

Mais tarde soubemos que os americanos haviam preparado vários planos de guerra diferentes para a conquista do Canadá, um dos quais se iniciava exatamente com o tipo de resgate transfronteiriço que ocorreu em Morris. Não há dúvida de que, caso o incidente não tivesse ocorrido, os Estados Unidos provocariam um mais cedo ou mais tarde.

Um importante objetivo do Plano de Guerra Bordo (assim chamado porque a bandeira canadense estampa uma folha de bordo) era que a vitória sobre o Canadá fosse a menos sangrenta possível. Os Estados Unidos não pretendiam derrotar o Exército canadense e voltar para casa, como faziam os vencedores nas guerras mundiais do século passado. Seu objetivo era incorporar o Canadá aos Estados Unidos – transformar nossas províncias em estados americanos e oferecer mais espaço para seu povo, cada vez mais desesperado. Quanto mais sangue canadense fosse derramado, mais difícil seria a tarefa e mais tempo duraria o estado de inimizade.

Nós, canadenses, mal conseguíamos acreditar na rapidez das forças americanas. Esquadrões da 101ª Divisão Aerotransportada saltaram de paraquedas no Aeroporto de Winnipeg e no enorme polo ferroviário da cidade, dominando ambos em poucas horas, sem muita resistência. Tínhamos a ilusão de que nossa longa fronteira e nossos vastos espaços dificultariam o avanço americano e nos dariam tempo para organizar uma resistência. Os russos, sem dúvida, pensavam a mesma coisa antes de Hitler iniciar a Operação Barbarossa.

O Canadá era vasto, sim, mas a maior parte de nossas vias de transporte, bases militares, fábricas e população estava concentrada numa faixa de 160 quilômetros a partir da fronteira. Todo o tráfego ferroviário leste-oeste no Canadá, por exemplo, passava pelo grande pátio ferroviário de Winnipeg. Se este caísse em mãos inimigas, os canadenses já não poderiam enviar tropas e equipamentos militares de um lado a outro do Canadá. Não era necessário conquistar todo o país, só alguns pontos estratégicos.

Tornando tudo mais fácil para os Estados Unidos, nossos principais portos marítimos estavam localizados ao longo do rio São Lourenço ou dentro do estreito de Juan de Fuca, sendo que este oferecia acesso aos grandes portos de Victoria e Vancouver. Depois que os navios de guerra americanos bloquearam as entradas do São Lourenço e do Juan de Fuca, o Canadá já não tinha como se abastecer por mar. Com o tráfego ferroviário transcontinental obstruído, sem acesso ao mar e com os aeroportos sob o controle americano, o Canadá se viu sem conexão com o exterior e quase imobilizado em seu território. Assim, os americanos apenas aguardaram a capitulação de nosso governo.

Nós, canadenses, sempre fomos um povo pacífico e nunca agredimos nossos vizinhos – os Estados Unidos eram nosso único vizinho! Servimos nas grandes Guerras Mundiais e outros conflitos, quando convocados, e nos saímos bem, mas, à medida que o século XXI avançava e sem inimigos à vista, transformamos nossas espadas em relhas de arado, para citar o livro de Isaías. Não tínhamos aviões de combate suficientemente modernos e os que tínhamos havíamos comprado dos americanos – que, portanto, conheciam seus pontos fortes e fracos melhor do que nós. Nossas aeronaves, em sua maioria, eram de transporte, socorro e outras atividades civis. Em épocas passadas, poderíamos ter sido capazes de organizar uma luta digna contra as forças americanas, mesmo sabendo que no final perderíamos. Porém, na década de 2040, éramos um rato contra um elefante. Nossa única opção era tentar conseguir o melhor acordo possível para o Canadá.

Com isso em mente, uma delegação chefiada pelo primeiro-ministro Campbell voou de Ottawa a Washington, D.C., para discutir os termos de paz. Pedimos que as forças americanas se retirassem do Canadá e, em troca, oferecemos a concessão de cidadania conjunta a todos os americanos que a ela se candidatassem, quer tivessem ou não qualificações específicas, bem como o licenciamento das empresas americanas no Canadá da mesma forma que nos Estados Unidos. Foram concessões extraordinárias, um sinal da disparidade de poder entre nossos países. Nunca poderíamos imaginar que os Estados Unidos não aceitariam condições tão generosas. Mas os americanos tinham outros planos em mente e recusaram nossa proposta, embora disséssemos que isso acarretaria mais conflitos armados. Os americanos permitiram que nossa delegação retornasse a Ottawa e o estágio final da guerra se iniciou.

Nossas três cidades mais importantes ao leste são Montreal, Toronto e Ottawa, nossa capital, todas situadas a menos de duas horas de carro da fronteira dos Estados Unidos. O Plano Bordo arquitetava a rápida conquista de cada uma delas pelos americanos, que o seguiram à risca. Caças Aurora decolaram da base aérea de Niagara Falls e, em menos de trinta minutos, alcançaram e destruíram nossa 8ª Esquadrilha, em Trenton, entre Toronto e Montreal. Não nos restou naquela base aérea nenhum caça em condições de voar. Paraquedistas americanos fecharam a Rodovia 401, entre as duas cidades, e a Rodovia 417, entre Montreal e Ottawa, para que não pudéssemos transferir tropas ou suprimentos entre essas cidades.

Colunas de tanques contornaram a extremidade oeste do lago Ontário e entraram em Toronto, aniquilando a fraca resistência de nossas forças debilitadas. Unidades da 1ª Brigada Mecanizada americana invadiram Montreal e rapidamente dominaram a cidade. Outras forças dos Estados Unidos avançaram pela Rodovia

416 e entraram em Ottawa. Dessa vez, encontraram forte resistência, pois nosso governo havia decidido que, por uma questão de honra, não entregaríamos nossa capital sem lutar.

A Batalha de Ottawa durou 11 dias. Embora soubéssemos que não tínhamos como vencer o poderio americano, nossos soldados decidiram morrer lutando. E não só lutaram até o fim como os civis se mobilizaram no tipo de guerra de guerrilha que os Estados Unidos, no início do século, vivenciaram no Irã, no Iraque, no Afeganistão, na Líbia e na Venezuela. As perdas foram pesadas em ambos os lados, mas como os americanos podiam trazer reforços ilimitados, ao contrário de nós, o resultado foi o previsto.

Após sufocar a insurreição, os Estados Unidos apresentaram seus termos: manteriam bases militares em pontos que escolheriam no Canadá por um período indefinido; assim que ambos os lados assinassem um tratado de paz, algumas tropas americanas se retirariam para essas bases, mas a maioria seria mandada para casa; o bloqueio marítimo e o fechamento das ferrovias terminariam concomitantemente; os Estados Unidos concederiam cidadania americana a todos os canadenses e os canadenses fariam o mesmo com relação aos americanos; todas as restrições à imigração seriam eliminadas, já que todos teriam dupla cidadania; a fronteira seria aberta em ambas as direções, assim como as divisas entre duas províncias canadenses ou dois estados americanos; os canadenses poderiam se mudar para os Estados Unidos e os americanos, por sua vez, poderiam se mudar para o Canadá. Então veio o arremate.

Doze meses depois, cada província canadense realizaria um plebiscito para determinar se desejava vir a ser um estado americano. No primeiro plebiscito, todas as províncias canadenses, exceto as marítimas – New Brunswick, Nova Scotia e Ilha do Príncipe Edward –, optaram por aderir aos Estados Unidos.

Um ano depois, as províncias marítimas realizaram um novo plebiscito; dessa vez elas votaram esmagadoramente a favor de se unirem aos Estados Unidos. Assim, em 2050 o Canadá deixou de existir como nação. Cada uma de suas províncias é agora um dos Estados Unidos da América.

Durante anos, é claro, os canadenses alimentaram ressentimento contra os americanos; ainda hoje, alguns veteranos se mostram amargurados. É difícil esquecer as imagens de nossos CC-177 Globemasters – que tantas missões de paz cumpriram ao redor do mundo, sempre com a folha vermelha de bordo brasonada em suas fuselagens – explodindo em chamas na base aérea de Trenton. Mas os indivíduos nascidos após a metade do século, que nunca tiveram outra cidadania que não a americana, sentem-se orgulhosos dela.

Governador Fraser, mais uma pergunta antes de encerrarmos nossa entrevista. Em minhas pesquisas, eu soube que, nas décadas de 2010 e 2020, estudiosos tentavam determinar quais seriam os países que, sob o aquecimento global, poderiam ser chamados de vencedores e quais poderiam ser chamados de perdedores. Como o senhor interpretaria esse pensamento com relação ao Canadá? O Canadá é um vencedor ou um perdedor?

Bem, como dizem, isso é complicado. Perdemos nossa soberania, mas ganhamos uma boa vida como parte dos Estados Unidos. Tenho certeza de que alguns canadenses da minha idade dirão que foi uma perda enorme, enquanto os jovens dirão que foi uma vitória do Canadá. Mas a temperatura ainda está subindo e alguns fazendeiros ao longo da antiga fronteira já descobriram que não podem mais ganhar a vida plantando trigo vermelho de inverno. A zona favorável para esse cultivo se deslocou centenas de quilômetros para o norte e sabemos que vai continuar se movendo nessa direção. Agora são os netos dos ex-canadenses – os novos americanos – que logo não estarão mais cultivando trigo.

Mas o conceito de vencedores e perdedores não faz mais sentido. Você me falou sobre algumas de suas outras entrevistas e a destruição que o aquecimento global está causando ao redor do mundo. O Canadá e alguns países escandinavos ainda podem alegar que são vencedores, mas isso seria tolo e míope, visto que a única coisa de que podemos ter certeza é que o próximo ano será mais quente que este e assim por diante. A lição do Canadá, ou da minúscula Islândia, agora uma província chinesa, é que qualquer país que pareça estar ganhando se torna alvo de um perdedor maior e mais poderoso. Até que todos os países percam. Não haverá vencedores.

O NILO AZUL SE TORNA VERMELHO

O padre Haile Moges é sacerdote da igreja de Narga Selassie, na ilha Dek, situada no lago Tana, nascente do Nilo Azul na Etiópia. Em reconhecimento ao ambiente tranquilo do local, o nome da igreja se traduz como "Trindade do Repouso". Conversei com o padre Moges por videofone via satélite movido a gerador, levado à ilha por colegas de Adis Abeba, capital da Etiópia. O padre Moges nos fala sobre os acontecimentos críticos que ocorreram na Etiópia, pois é um conhecedor do passado do país.

Padre, apesar da longa e orgulhosa história da Etiópia, o restante do mundo praticamente se esqueceu de seu país. Fale-me sobre isso, por favor.

Obrigado por ter me encontrado em uma ilha no meio de um lago quase desconhecido, num país que o mundo de fato esqueceu. Não tenho mais contato com o mundo exterior e, portanto, fico feliz em conversar com o senhor.

A Etiópia é um dos países mais antigos do mundo. Traçamos nossa história até o reinado do imperador Menelik I, por volta do ano 1000 a.C. O historiador Heródoto disse que "o Egito é uma dádiva do Nilo". No entanto, nós, etíopes, sentimos que, como quase toda a água do Nilo nasce em nossa terra, seria mais apropriado dizer: "O Egito é uma dádiva da Etiópia." Sem nosso Nilo, apenas nômades conseguiriam habitar as areias ardentes do Egito.

O Nilo Azul nasce aqui no lago Tana, atravessa a Etiópia e deságua no Nilo Branco em Cartum, no Sudão. O Nilo tem mais de 6.600 quilômetros de extensão, o que o torna o maior rio do mundo. E atravessa 11 países africanos. Mas foi o último país da fila que ficou com toda a água. Normalmente, são os países a montante que têm o direito à água e decidem sobre o volume de água que deixarão fluir rio abaixo. Como isso foi revertido na Etiópia? Pergunte aos britânicos.

Em 1902, a Grã-Bretanha forçou a Etiópia, então um reino independente, a aceitar um tratado a respeito da água que dizia... tenho o texto aqui em algum lugar... Ah, sim: "Sua Majestade, o Imperador Menelik II, Rei dos Reis da Etiópia, compromete-se com o Governo de Sua Majestade Britânica a não construir, nem permitir que seja construída, qualquer obra no Nilo Azul, no lago Tana ou no rio Sobat que possa interromper o fluxo de água para o Nilo, exceto mediante um acordo com o Governo de Sua Majestade Britânica e o Governo do Sudão." Essa era a linguagem do poder imperial.

Então, após a Primeira Guerra Mundial, em 1922, a Grã-Bretanha concedeu a independência ao Egito. Quando os países do Nilo se reuniram para dividir a água do rio, em 1929, a Grã-Bretanha escolheu um favorito e ordenou que suas colônias – Sudão, Uganda, Quênia e Tanzânia – cedessem seus direitos de água ao Egito. Esse acordo durou até 1959, quando os países do Nilo o alteraram para dar ao Sudão cerca de 24% da água, mas nada a mais para a Etiópia. O pacto reiterou o de 1902, determinando que os países rio acima não poderiam construir barragens, obras de irrigação ou hidrelétricas sem a aprovação do Egito. O Egito tinha poder de veto sobre nosso destino e nosso futuro. Como isso pode ser justo?

Em 1959, os Estados Unidos e a União Soviética usavam os países pobres da África como peões na Guerra Fria. Durante a crise de Suez, a União Soviética concordou em ajudar o Egito a construir a enorme barragem em Assuã, idealizada por Nasser.

Os Estados Unidos retaliaram enviando especialistas do Departamento de Reclamação, que supervisionava a gestão de recursos hídricos, para ajudar a Etiópia a encontrar locais para nossas barragens hidrelétricas. Os especialistas identificaram vários bons locais no Nilo Azul, dentro de nosso país. Se construíssemos as represas, poderíamos interromper o fluxo do Nilo para o Sudão e o Egito apenas fechando válvulas. Essa ameaça levou o presidente egípcio Anwar Sadat a lançar um alerta em 1979: "Não vamos esperar para morrer de sede no Egito. Iremos até a Etiópia e morreremos lá." Sadat, que buscava uma *détente* com Israel, havia prometido desviar o Nilo para o deserto do Sinai, a fim de beneficiar o Estado judeu. Em resposta, a Etiópia, liderada então pelo maléfico tirano Mengistu – que certamente está queimando no inferno –, ameaçou bloquear o Nilo Azul. Era uma época perigosa.

O maior problema da África, claro, sempre foi sua grande população. Mesmo sem o aquecimento global, a presença de tantas pessoas poderia ter selado nossa condenação. Em 2000 a população dos quatro países do Baixo Nilo – Egito, Sudão, Etiópia e Uganda – havia aumentado para 188 milhões de pessoas. O Nilo já se encontrava em apuros por conta do aumento populacional, mas também em decorrência da poluição e dos primeiros efeitos do aquecimento global. A população do Egito, por si só, aumentava em torno de 1 milhão de pessoas a cada seis meses. Em 2040, o número de pessoas nos quatro países havia mais que dobrado. Já não havia comida para todas essas pessoas adicionais e, em decorrência do aquecimento global, havia ainda menos água. Cada pessoa tinha que sobreviver com menos comida e água que seus antecessores, e mesmo isso não era o bastante.

Construímos represas em alguns dos locais que seus engenheiros recomendaram na década de 1960. Os países da Iniciativa da Bacia do Nilo, com a abstenção do Egito, concordaram que a

Etiópia poderia construí-las. Bem a jusante do lago Tana, a apenas 15 quilômetros da fronteira com o Sudão, onde o Nilo é muito maior, foi realizado outro projeto que se tornaria importante neste século. Era para se chamar Represa do Milênio, mas nós a renomeamos Grande Represa do Renascimento Etíope – nome que revela quanto essa obra significava para a Etiópia. Deveria abastecer 1 milhão de casas e ainda sobraria energia para ser vendida a outras nações africanas. Isso finalmente colocaria a Etiópia no mapa.

Fizemos um levantamento do local e concluímos o projeto em 2010. Mas mantivemos nossos planos em segredo até um mês antes de lançarmos a pedra fundamental. O senhor pode imaginar a reação dos egípcios. Quando se constrói uma nova represa, não se cria mais água; isso só Deus pode fazer. Para encher o novo reservatório, você precisa reter a água antes que escorra rio abaixo. Ou seja, o Egito receberia uma porção ainda menor do fluxo já reduzido do rio que é seu sangue. Então, em 2019, o líder egípcio lembrou às Nações Unidas que "o Nilo é uma questão de vida, uma questão de existência para o Egito". São palavras que os líderes usam quando desejam preparar sua população para a guerra.

Como sempre acontece com grandes projetos, a represa demorou mais do que o previsto para ser concluída e ficou mais cara. Mas finalmente a inauguramos com uma grande comemoração. Havíamos prometido encher o reservatório o mais lentamente possível, cortando o mínimo necessário do fluxo para o Egito. Depois disso, tínhamos certeza de que aquele país continuaria a receber a quota de água combinada. Por algum tempo, foi o que aconteceu. Mas na década de 2040 o aquecimento global diminuiu o fluxo do Nilo. Se concedêssemos ao Egito toda a sua quota, o nível do reservatório e o volume de água que passava por nossas turbinas de energia cairiam, reduzindo nossa produção e as vendas de eletricidade. E chegaria uma época, como já podíamos prever, em que o reservatório pararia de gerar eletricidade. Começamos então a reter água, cada vez em maior volume, violando o acordo. O Egito nos deu um ultimato: se as comportas de todas as represas do Nilo Azul e do Branco acima do Sudão não fossem abertas como especificado no acordo, isso seria considerado um ato de guerra e o Egito tomaria as medidas cabíveis. Assim, todos os países do Nilo mobilizaram suas tropas e começaram a realizar exercícios militares.

Sem o conhecimento dos nove países a montante, o Egito e o Sudão, os dois mais a jusante, haviam decidido ajudar um ao outro em caso de guerra pelo Nilo. Assim, ambos deslocaram tropas para a fronteira sudanesa, onde enfrentaram os soldados etíopes em uma terra de ninguém. Para colaborar na resistência a uma invasão iminente pelo Egito e o Sudão, Uganda pôs suas tropas sob o controle da Etiópia.

Na noite de 15 de maio de 2040, comandos egípcios cruzaram a fronteira sudano-etíope e explodiram a Grande Represa do Renascimento, cujas águas formaram uma enorme onda que escoou rio abaixo, fluindo na direção do Mediterrâneo. A Etiópia e os outros países do Nilo de pronto declararam guerra ao Egito e ao Sudão. Nós, etíopes, estávamos confiantes em que poderíamos vencer a batalha, porque durante um século lutáramos contra italianos, somalis, eritreus e com quem quer que estivesse disposto a lutar contra nós – além de, quase continuamente, uns contra os outros. A Etiópia havia se tornado, em essência, um Estado guerreiro. Acreditávamos que egípcios e sudaneses eram frouxos e não seriam páreo para nós. Essa crença não durou muito.

Países como Irã, Coreia do Norte e Paquistão, embora professassem seu compromisso com a abolição das armas nucleares, na verdade as construíam o mais rápido que podiam e as vendiam no mercado negro a qualquer país ou grupo que pudesse comprá-las. Os norte-coreanos projetavam armas nucleares de acordo com as especificações do cliente: de urânio ou de plutônio;

táticas ou estratégicas; com tantos ou tantos quilotons; para explodir no ar ou por impacto no solo; enfim, ao gosto do freguês. O Egito comprou várias bombas nucleares dos norte-coreanos e, como a situação se tornara mais tensa, anunciou que tinha armas atômicas carregadas em bombardeiros em número suficiente para destruir todas as capitais da África Oriental. O Egito exigiu que Etiópia e Uganda se rendessem, caso contrário destruiria as capitais uma por uma, começando por Adis Abeba e Kampala.

O senhor há de se lembrar que, próximo ao final da guerra do século XX contra o Japão, muitos achavam que os Estados Unidos, em vez de bombardear o Japão, deveriam ter lançado uma bomba atômica de demonstração a fim de revelar o terrível poder de sua nova arma. Mas os americanos preferiram destruir Hiroshima e Nagasaki.

Quando nossos líderes zombaram da ameaça dos egípcios, eles realizaram uma demonstração de seu poder lançando uma bomba tática de 1 quiloton na ilha eritreia de Dahlak Kebir, no mar Vermelho, que outrora nos pertencera. A explosão, em altitude, destruiu a ilha e seus 3 mil habitantes, entre eles muitos etíopes, mas produziu pouca precipitação. Esbravejamos durante dois dias. Mas não tínhamos armas atômicas e nosso serviço de inteligência nos informou de que os egípcios se preparavam para detonar mais bombas. Então nos rendemos. Tropas egípcias e sudanesas ocuparam rapidamente nossos países e seus engenheiros assumiram o controle de nossas represas e hidrelétricas.

Em tempos melhores, até mesmo a ameaça de uma guerra nuclear limitada suscitaria uma condenação internacional e mobilizaria um esforço global no sentido de encontrar uma solução pacífica. Mas, àquela altura, as Nações Unidas e sua Agência Internacional de Energia Atômica tinham deixado de existir. Não havia mais nenhuma força internacional para a manutenção da paz. Os Estados Unidos já não podiam se dar ao luxo de agir como polícia mundial. Nenhuma nação por si só tinha os meios e a vontade de ajudar um país pobre do Chifre da África. De qualquer forma, uma guerra que envolvesse algumas armas nucleares táticas em nossa remota região não produziria uma precipitação global perigosa. Assim, o restante do mundo olhou para outro lado e deixou a África Oriental arrumar a própria bagunça. A Guerra do Nilo revelou o verdadeiro custo do colapso da ordem mundial no século XXI. Nações turbulentas perceberam que ninguém as impediria de fazer o que quisessem.

Nós temíamos que os egípcios colonizassem a Etiópia, mas eles retiraram a maior parte de suas tropas, deixando apenas guarnições nas represas e usinas para que não fechássemos as comportas novamente. Dada a fome generalizada que então varria a Etiópia, que país ajuizado iria querer compartilhar nossos problemas?

Já na virada do século, embora cultivássemos trigo, milho, cevada, sorgo e painço para uso próprio e exportação, metade da população etíope era subnutrida. Aqueles rostos em suas telas de TV eram os nossos. Nosso café era mundialmente famoso, mas, com o colapso do comércio internacional, não havia como levá-lo ao mercado externo; além disso, as pessoas podem sobreviver sem café – é um luxo, e a época do luxo havia terminado. As temperaturas mais altas e a redução dos suprimentos de água, não só aqui como em toda a África subsaariana, haviam provocado a fome generalizada.

Aqueles que permaneceram de braços cruzados enquanto a Terra aquecia decretaram a morte da Etiópia. Eles deveriam ter dado ouvidos a Hailé Selassié, nosso grande líder da década de 1930, que meus pais homenagearam dando-me o nome dele: "Ao longo da história, foram a inação dos que poderiam ter agido, a indiferença de quem deveria ter juízo e o silêncio da voz da justiça quando esta era mais necessária que tornaram possível o triunfo do mal."

PARTE 6
FASCISMO E MIGRAÇÃO

OS ESTADOS UNIDOS EM PRIMEIRO LUGAR

O professor Sinclair Thomas é um estudioso do fascismo no século XXI. Falei com ele em sua casa, em Toronto, no estado americano de Ontário.

Professor Thomas, na virada do século seria ridículo falar sobre algo como fascismo do século XXI. O fascismo já parecia ter quase desaparecido, juntamente com o marxismo, na vala dos sistemas políticos obsoletos e falidos. O que aconteceu para que ele ressurgisse dessa forma?

A ressurreição do fascismo é apenas uma das milhares de coisas imprevisíveis que ocorreram quando o século se iniciou. Mas, olhando em retrospecto com atenção, veremos que havia indícios de um retorno do fascismo na escalada dos sentimentos anti-imigração que germinavam na época. A perspectiva de serem invadidos por hordas de refugiados do clima famintos, sedentos e doentes, que nada tinham a perder, acabou levando muitos países ricos a se voltarem para um homem forte e finalmente para o fascismo, a fim de protegerem a si mesmos e suas fronteiras. O que não funcionou, é claro, mas, uma vez que um líder fascista ganha o poder, é difícil destituí-lo sem uma revolução ou guerra.

Podem-se descobrir as raízes do neofascismo na primeira década, quando a imigração legal e ilegal crescia ao redor do mundo. Os Estados Unidos tinham seus mexicanos; os alemães, seus turcos e croatas; os britânicos, seus paquistaneses e indianos, e assim por diante. Durante a década de 2020, fortes movimentos anti-imigração apareceram na maioria dos países desenvolvidos. Como o calor e a seca causavam quebras de safra e a fome generalizada, o número de refugiados climáticos desesperados aumentou drasticamente. Os países ricos começaram a oferecer resistência e seus movimentos anti-imigração foram ficando mais fortes.

A ameaça era maior onde um país relativamente rico fazia fronteira com outro relativamente pobre: Estados Unidos e México; Índia e Bangladesh; Líbia e Níger; Egito e Sudão; África do Sul e Moçambique; Coreias do Sul e do Norte; Brasil e Bolívia. E também Espanha e Marrocos, separados apenas por um pequeno trecho do mar Mediterrâneo. No país mais bem aquinhoado em cada par, as atitudes nacionalistas e anti-imigração tornaram-se fortes demais para serem ignoradas pelos partidos políticos tradicionais, cujas plataformas se tornaram então mais fascistas. E em alguns países, como os Estados Unidos, novos partidos começaram a ameaçar o predomínio dos tradicionais.

Nós, ex-canadenses, éramos a exceção, pois nossa única fronteira terrestre era com os Estados Unidos. Sempre fomos amigáveis com os imigrantes em parte porque só podiam chegar de avião, o que nos permitia controlar seu número. Mas prestamos atenção nos esforços fracassados dos americanos para controlar sua fronteira com o México. Mal podíamos imaginar que, algumas décadas depois, nossos imigrantes ilegais seriam os próprios americanos.

Na virada do século, a ideia de que o fascismo poderia ressurgir teria parecido uma piada de mau gosto para a maioria dos estudiosos e políticos. Rotular uma pessoa ou um governo de fascista era o pior dos insultos. Ainda assim, na década de 2040 a Liga das Nações Fascistas ostentava orgulhosamente o emblema do fasces, o feixe de varas que era o antigo símbolo romano de autoridade – e o ícone dos fascistas italianos nas décadas de 1920 e 1930, sob o governo de Mussolini.

A ascensão global do fascismo é um assunto extenso demais para uma só conversa – eu e outros escrevemos livros inteiros sobre isso –, portanto vou me concentrar no que aconteceu aqui na América do Norte. Isso demonstrará como o fascismo pode surgir mesmo em uma democracia. O que não deveria ser surpresa; afinal, no início da década de 1930 a Alemanha era uma democracia.

No princípio, o movimento que veio a ser o fascismo apelou para a unidade nacional, o orgulho, o acesso a empregos e a identidade cultural, e cada um desses aspectos reforçou o sentimento anti-imigração que se tornou uma questão política relevante nas primeiras duas décadas deste século. Políticos de direita, eruditos e demagogos de todos os tipos começaram a demonizar os imigrantes mexicanos, ainda que as economias de estados como a Califórnia e o Texas dependessem de seu trabalho. O Arizona e outros estados aprovaram leis que permitiram à polícia exigir que os suspeitos de estar no país ilegalmente – apenas suspeitos, sem nenhum motivo relevante – mostrassem seus documentos, procedimento que lembrava os da Gestapo. Esses sentimentos antimexicanos levaram à construção do muro ao longo da fronteira e a outras medidas dispendiosas, porém inúteis.

Tais ações tiveram três resultados. Em primeiro lugar, ofenderam o México, gerando o ódio que corroeria os dois países enquanto as relações entre ambos se deterioravam. Em segundo, forçaram os mexicanos a inventar outras formas de entrar nos Estados Unidos, o que faziam muito bem. Em terceiro, quanto menos eficazes as barreiras se mostravam, mais furiosos ficavam os demagogos americanos e mais altas as suas vozes, assim como as das pessoas que os apoiavam. O fascismo requer um inimigo, de preferência um que possa parecer perigoso, mas na verdade seja quase indefeso em comparação com o poder do Estado. Os mexicanos atendiam a esse requisito.

No início, os inimigos da imigração encontraram um lar no Partido Republicano, por meio do qual ajudaram a eleger Donald Trump três vezes. Mas quando o movimento se tornou mais barulhento e radical, em fins da década de 2020, as forças anti-imigração se separaram e formaram o America First Party (Partido da América em Primeiro Lugar), que era o nome do movimento isolacionista liderado pelo aviador Charles Lindbergh nos anos que precederam o ataque dos japoneses a Pearl Harbor. Na eleição de 2028, as pessoas começaram a abandonar o Partido Republicano, o qual culpavam por décadas de negação do aquecimento global e por seu fracasso em preparar o país para essa verdade científica. Durante a década de 2030, o Partido Republicano acabou desaparecendo da política americana.

Na eleição que se seguiu, o America First teve um desempenho muito melhor que qualquer terceiro partido na história americana. O apelo do America First ao nacionalismo e sua retórica anti-imigração haviam se tornado tão estridentes que nenhuma pessoa racional poderia duvidar de que o partido defendia medidas drásticas, embora não especificadas, contra os imigrantes. A votação recorde para um terceiro partido levou os dois partidos da maioria, o Republicano e o Democrata, a se tornarem ainda mais anti-imigrantes, ao mesmo tempo que se enrolavam na bandeira americana e sacudiam Bíblias.

As pesquisas começaram a revelar que o candidato do America First, Jared Buchanan, venceria a eleição seguinte por uma margem substancial. Logo tanto republicanos quanto democratas começaram a trocar suas bandeiras de lapela por botões do America First. Os republicanos tentaram negar que alguma vez tivessem negado o aquecimento global, dizendo que apenas pediam mais evidências científicas, mas não enganaram ninguém.

Em 2032, Buchanan elegeu-se com uma vitória esmagadora e o America First obteve uma maioria à prova de veto nas duas casas do Congresso. Em poucas semanas sua foto começou a ser vista não só em prédios do governo, como sempre acontecia com a imagem de um presidente, mas também em muitos escritórios, residências e escolas. Até mesmo crianças em idade escolar começaram a usar broches com a imagem de Buchanan. A saudação America First – um punho direito cerrado à altura do coração – começou a substituir o aperto de mão.

Uma das primeiras leis aprovadas pelo novo Congresso foi a America First Act, que exigia a deportação de todos os imigrantes ilegais. Todos os cidadãos americanos eram obrigados a portar uma carteira de identidade e a exibi-la quando solicitada.

Proprietários de negócios que empregavam imigrantes sem documentos se arriscavam a levar uma multa elevada e até a serem presos. Os imigrantes ilegais, esses não cidadãos, não tinham direito a *habeas corpus* e eram deportados imediatamente, sem direito a julgamento. Se um indivíduo estivesse sem carteira de identidade e um teste de DNA – efetuado no local em 15 minutos – revelasse que era descendente de mexicanos, ele seria mandado de volta ao México em poucos dias e a viagem não seria nada agradável. O governo nacionalizara as empresas ferroviárias e as utilizava para devolver ao México, em vagões de carga, os mexicanos sem documentos. Muitos não sobreviviam à viagem. Os que sobreviviam definhavam em campos de refugiados estabelecidos no lado mexicano da fronteira. Muitos morriam lá, pois o México não tinha como cuidar deles. Foram veiculadas imagens horríveis mostrando mexicanos emaciados implorando por comida e pais sendo separados de seus filhos nos portões dos campos, assim como acontecera um século antes nos portões de Auschwitz.

A America First Act foi elaborada para livrar os Estados Unidos dos imigrantes ilegais, mas isso não acalmou a raiva dos partidários mais radicais do America First. E, à medida que o suprimento de água diminuía e o calor crescente matava as plantações nos campos, a Califórnia, o Sudoeste e o Texas começaram a sofrer os efeitos do aquecimento global. Com o desaparecimento da maioria dos ilegais, os líderes do partido precisavam encontrar um novo bode expiatório. Quem mais senão os cidadãos de ascendência mexicana? Foi quando surgiu a Lei Só Americanos, modelada nas leis de Nuremberg da década de 1930. A lei classificava os cidadãos conforme linhagens raciais. Como era complicada, o governo teve de publicar gráficos em inglês e espanhol para explicá-la, usando círculos marrons, brancos e bege. Os indivíduos eram classificados como americanos se todos os quatro avós fossem de "sangue americano" (círculos brancos); como "mexicanos" se três ou quatro de seus avós fossem mexicanos (círculos marrons); como de sangue misto se tivessem um ou dois avós mexicanos (círculos bege).

Estranhamente, para os partidários do America First, livrar o país dos imigrantes ilegais só piorou as coisas. Agora, além de não haver ninguém disponível para assumir a culpa pelos males do país, também não havia ninguém para desempenhar as tarefas servis e de baixa remuneração. Morangos e alfaces apodreciam nos campos da Califórnia, do Arizona e do Texas; restaurantes no Sudoeste tiveram de fechar; escolas ficaram vazias; sujeira e lixo se amontoaram nos prédios de escritórios. Mesmo naqueles tempos difíceis, poucos americanos estavam dispostos a assumir as tarefas servis que os imigrantes desempenhavam antes. O que fora um colapso econômico iminente logo se tornou realidade.

Os líderes do America First Party presumiram então que, se o governo confiscasse propriedades mexicanas e expulsasse os proprietários de negócios mexicanos, os estabelecimentos ficariam vagos, permitindo que americanos merecedores os assumissem. Mas a essa altura, no final da década de 2030, a economia americana – e, na verdade, a economia mundial – estava tão deprimida que ninguém via qualquer benefício em assumir uma das empresas abandonadas para tentar fazer com que desse lucro.

Na década de 2040, sem inimigos óbvios e com a economia americana em frangalhos, as pessoas se afastaram do tipo de fascismo apregoado pelo America First. Não necessariamente para trocar de partido, mas porque haviam perdido o interesse e não viam sentido em votar. Em 2044, na última eleição em que o America First apresentou um candidato, somente 19% dos eleitores votaram. Hoje, é claro, o percentual é ainda menor. Infelizmente, em países que não eram verdadeiras democracias, o fascismo durou muito mais tempo. Entretanto, como as pessoas tinham menos tempo para culpar minorias e imigrantes – pois precisavam se concentrar na própria sobrevivência –, o fascismo acabou perdendo apelo também nesses países.

Hoje, na maior parte do mundo, a política se tornou irrelevante. Por que se preocupar em votar quando você sabe que os líderes do passado falharam com a humanidade e trouxeram o dia do Juízo Final para um horizonte próximo?

CERCAS RUINS, VIZINHOS RUINS

Raul Fuentes foi o último embaixador do México nos Estados Unidos antes que as relações entre os dois países cessassem.
Embaixador Fuentes, fale-nos sobre a época em que as relações entre o México e os Estados Unidos foram rompidas.

Perdoe-me, por favor, se meu inglês piorou em relação à época em que trabalhei em seu país e o falava todos os dias, décadas atrás. Para nós, diplomatas, o inglês era a segunda língua. Costumávamos falar inglês entre nós só para mostrar o domínio do idioma. Hoje em dia, nenhum mexicano que se preze seria pego falando inglês. Portanto me perdoe se já não falo tão bem.

Proximidad entre nações pode trazer grandes amigos, mas também grandes inimigos. Um de seus poetas escreveu sobre boas cercas que fazem bons vizinhos. Isso foi muito antes que os americanos construíssem a desprezível cerca na fronteira, é claro. As relações entre nossos países oscilaram entre amizade e animosidade ao longo de toda a nossa história. Porém, milagrosamente, só entramos em guerra uma vez, em 1846. Infelizmente, não éramos páreo para *el Norte,* nem naquela época nem depois.

Devo lembrar ao senhor que, enquanto o Oeste americano ainda era uma terra desconhecida, nossos ancestrais astecas tinham uma civilização florescente. Foi nosso destino e nossa desgraça estarmos a jusante do principal rio do Oeste americano, *el río Colorado* – batizado por um espanhol muito antes de vocês chegarem. Um de nossos líderes disse muito bem: "Pobre México, tão longe de Deus e tão perto dos Estados Unidos!" Se *el río Colorado* fluísse para o norte, saindo do México e entrando nos Estados Unidos, deixando-nos a montante dos americanos, algumas coisas na história teriam sido diferentes, e mais vantajosas, para nós.

Durante milhões de anos o rio fluiu para o sul e o oeste, desaguando no golfo da Califórnia, onde formou um grande delta. Até começarmos a irrigar áreas próximas a Mexicali e Calexico, não precisávamos da água do rio. Assim que o fizemos, vocês exerceram o direito do homem rio acima e ficaram com a água. Após a construção da Represa Hoover, vocês "generosamente" decretaram que, em vez dos 100% da água de *el río Colorado* que Deus dera ao México, cederiam 10% dela. O que podíamos fazer? *Algo es algo; menos es nada* – meio pão é melhor que nada, como se diz. As leis dos Estados Unidos determinavam que, em tempos de seca, seus estados compartilhariam o fardo de nos fornecer água. Mas sabíamos que, até o acordo ser testado, eram apenas palavras no papel. A história nos diz que, quando chega a seca, as pessoas ficam com a água que controlam, não importa o que digam os tratados. Considerando seus preconceitos contra o México, sua demonização de nossos pobres, não vimos razão para acreditar que vocês se comportariam de modo diferente.

No início deste século, vocês já estavam usando cada gota da parte que lhes cabia de *el río Colorado*. Ainda assim, permitiram um crescimento e um desenvolvimento *loco* nas suas cidades e vilas do Oeste. Temos um ditado que diz *"Procura lo mejor, espera lo peor y toma lo que viniere"* – Procure o melhor, espere o pior e pegue o que vier. Vocês, em *el Norte*, só conseguiram entender a primeira frase desse provérbio. Pensaram que, por terem armazenado em seus reservatórios dois ou três anos do fluxo anual do rio, poderiam sobreviver a qualquer seca. Não acreditaram, ou não conseguiam acreditar, que a seca um dia drenaria seus reservatórios.

Vocês continuaram a fornecer ao México os 10% de água até a década de 2030. Na época, o aquecimento global e o crescimento da população haviam reduzido as reservas em suas represas, mas insistimos em que vocês continuassem nos enviando nossa parte. Não fomos os únicos a exigir uma parte do rio. Seus nativos americanos, em particular a enorme tribo navajo, também começaram a exigir uma parcela maior e processaram o governo para obtê-la. Vocês estavam diante de uma escolha difícil. Poderiam continuar a enviar o mesmo volume de água que irrigaria nossos campos ao sul da fronteira, mas para isso teriam de sonegar água para os plantadores de alfafa do vale Imperial. E, em breve, para suas cidades. Em outras palavras, vocês precisariam dar a mexicanos e nativos americanos a água que corria sob o nariz dos americanos. "Nem pensar", como vocês dizem. Em vez disso, anunciaram que os Estados Unidos reduziriam "temporariamente" o fornecimento de água para o sul da fronteira e o restaurariam quando houvesse mais água disponível. Mesmo nessa época, seus políticos ainda negavam a realidade de *el calentamiento global*.

Sabíamos, é claro, o que significava o termo "temporário": em algum momento do século XXII ou do XXIII – e realmente não gostaríamos de esperar tanto. Sem a água do Colorado a agricultura mexicana na fronteira, já periclitante por conta do calor cada vez maior, morreria. Muitos de nossos agricultores iriam à falência e nosso povo passaria fome. As perspectivas eram de que, sem essa produção, não apenas não teríamos a receita advinda das safras como a fome generalizada seria uma possibilidade real.

Sempre que os Estados Unidos queriam impedir que as pessoas cruzassem a fronteira para o norte ou que a água cruzasse a fronteira para o sul, vocês construíam um muro ou uma represa e nos desafiavam a fazer algo a respeito. Vocês tinham um desprezo absoluto por nós, mexicanos, como povo – pessoas iguais a vocês que, por artimanhas do destino, acabaram ficando de um lado da fronteira, não do outro. Na intenção, os Estados Unidos podem não ter sido racistas, mas na prática foram, e é isso que importa.

Mas não ficamos sem nossos métodos de resposta. *Quien teme la muerte no goza la vida* – os covardes morrem muitas vezes, como vocês dizem, e os mexicanos não são covardes. O tratado da água entre nossos países não dispunha apenas sobre *el río Colorado*; exigia que o México entregasse anualmente aos Estados Unidos centenas de milhares de metros cúbicos de água obtida de afluentes mexicanos do *río Bravo del Norte* – o rio Grande, como vocês o chamam. Assim, quando vocês cortaram o fluxo do rio Colorado, fizemos o mesmo com o *río Bravo*.

Tentamos a diplomacia, mas não chegamos a lugar nenhum, então adotamos a única ação possível: em 2032, processamos os Estados Unidos na Corte Internacional de Justiça, em Haia, alegando que vocês haviam infringido as disposições de nosso tratado sobre quantidade e qualidade da água. Servindo em Washington, estive profundamente envolvido nesse confronto. Mas, a essa altura, a importância das Organização das Nações Unidas diminuía a cada ano. Assim, embora o tribunal tivesse decidido em favor do México, não havia como fazer com que fosse cumprida a decisão. Seu governo anunciou que os Estados Unidos não mais reconheciam a Corte Internacional. O Conselho de Segurança da ONU votou uma moção no sentido de forçar os Estados Unidos a restaurar o fluxo do rio Colorado e pagar reparações ao México, mas vocês usaram seu poder de veto e impediram a aprovação da moção. Os Estados Unidos continuaram a bloquear o fluxo do Colorado até nossos distritos agrícolas de Mexicali e Calexico voltarem a ser desertos estéreis. Hoje quase ninguém se lembra das cebolas *verdes y suculentas*, dos aspargos, beterrabas e alfaces, hortaliças que cultivávamos nos campos de Mexicali, muitas das quais enviávamos a vocês.

Além de reter a água que desaguava no *río Bravo*, tivemos de usar as poucas armas que tínhamos. Suas cidades de Phoenix e Las Vegas, ambas localizadas longe da água salgada, haviam nos pagado para construírem usinas de dessalinização no golfo da Califórnia, em nosso país. Vocês nos concederiam a água dessalinizada que as instalações produzissem e nós lhes daríamos uma quantidade equivalente de nossa parte da água do rio Colorado, estipulada no tratado. Em 2045, duas das usinas estavam em operação, e outras duas, em construção. O custo de cada uma girava em torno de 1,5 bilhão de dólares, mas como *el agua es vida*, para um homem sedento água é barata a qualquer preço. Mas seu governo interrompera o fluxo do rio Colorado para o México; portanto, já não tínhamos nossa parte do rio para conceder – vocês a tinham tomado. Como haviam descumprido sua parte no trato, não nos sentimos obrigados a manter a nossa. Assim, nacionalizamos as usinas dessalinizadoras, retendo para nós toda a água que produziam. Descobrimos então que podíamos operar as usinas tão bem quanto vocês – já estávamos fazendo isso! Os americanos responderam congelando ativos mexicanos nos Estados Unidos. Nacionalizamos todas as indústrias americanas no México e nos retiramos do Acordo Comercial Estados Unidos-México-Canadá.

Um ponto importante da plataforma fascista americana era que os Estados Unidos deveriam deportar, além de todos os mexicanos ilegais, todos os legais que não conseguissem passar em seu teste de identidade racial. Vocês começaram a reunir mexicanos e transportá-los para acampamentos perto da fronteira, onde eram registrados antes de serem enviados para o nosso lado. O que seu inepto Departamento de Pureza Interna e seus demagogos fascistas não entenderam foi que o trabalho seria enorme e teria efeitos colaterais. Ninguém sabia quantos ilegais havia em seu país na época, mas só na Califórnia eram cerca de 5 milhões. Depois de reunirem as primeiras centenas de milhares, vocês começaram a espalhar a notícia de que os campos da fronteira eram focos de disenteria, cólera e tifo. Quando os milhões de mexicanos restantes na Califórnia e no Texas ouviram falar da mortandade nos campos, muitos decidiram que o único meio de salvarem a si mesmos e suas famílias seria retornar ao México por conta própria, evitando os campos. Para tirar as pessoas dos Estados Unidos, os mexicanos desenvolveram uma rede. Sua palavra de código era *Salsipuedes* – saia se puder. Seis meses após o início do arrebanhamento, cerca de 2 milhões de mexicanos e suas famílias, com todos os pertences que podiam carregar, estavam nas estradas da Califórnia. No Texas, 1 milhão deles se puseram em movimento. E assim foi em quase todos os estados da União. As estradas e rodovias da Califórnia se entupiram rapidamente e ninguém chegava a lugar nenhum senão a pé. No auge da crise, sua Guarda Nacional e as tropas do Exército mexicano se estranharam na fronteira. A guerra parecia iminente. Mas já era tarde demais para salvar muitos dos deportados. Nos campos do seu lado da fronteira, centenas de milhares de mexicanos morreram; do nosso lado também, pois tínhamos ainda menos capacidade do que vocês para cuidar dos refugiados desesperados.

 Agora, senhor, perdoe-me, pois estou muito emocionado para prosseguir. Lembrar é muito difícil para um velho. Chegou a hora de dizer *adiós*.

PARTE 7
SAÚDE

O SÉCULO DA MORTE

O Dr. Charles Block foi diretor da organização Médicos Sem Fronteiras. Entrevistei-o na casa dele, em Genebra.

Dr. Block, como o aquecimento global afetou a saúde humana ao longo deste século?

Algumas pessoas o chamam de século do calor, outras de século do fogo, século das enchentes e assim por diante. Eu o chamo de século da morte. Sou médico e passei toda a minha carreira trabalhando na linha de frente da MSF em países do mundo inteiro. Aposentei-me em 2070. Vi em primeira mão como o aquecimento global piorou quase todos os aspectos da saúde humana e custou centenas de milhões de vidas.

Já nos primeiros anos do século sabíamos que o aquecimento global provocaria uma crise na saúde. Nas décadas de 2010 e 2020 dezenas de relatórios comprovaram isso. Mas até nós, médicos profissionais, subestimamos a profundidade dessa crise.

Era óbvio que o aquecimento global levaria mais pessoas a morrer de calor extremo, mas alguns acharam que, em compensação, menos pessoas morreriam de frio. Só que não houve equilíbrio. O número de indivíduos que morreram de calor superou o daqueles que foram salvos do frio. Na virada do século, algumas áreas já estavam tão quentes que, se esquentassem mais, centenas de milhares de pessoas morreriam. Nos meses de verão que precediam as monções, durante o século XX, as temperaturas máximas nas planícies dos rios Indo e Ganges na Índia,

Paquistão e Bangladesh frequentemente atingiam 45°C. Essas máximas hoje chegam rotineiramente a 51°C e muitas vezes a temperaturas mais altas. A maior parte dessas áreas permaneceu rural; seus habitantes não têm acesso a condicionadores de ar nem mesmo à energia necessária para alimentar um ventilador. Assim, as mortes relacionadas ao calor dispararam nessas planícies. As coisas eram ainda piores nas cidades, onde metal, asfalto e concreto absorvem calor durante o dia e o liberam à noite. Antes do aquecimento global, uma cidade grande típica já era vários graus mais quente que a área rural circundante. Como o mundo ficou mais quente, as cidades ficaram ainda mais quentes, sobretudo à noite, e nos países em desenvolvimento muitas se tornaram armadilhas mortais.

No ano 2000, a Organização Mundial da Saúde projetou que um aumento de temperatura em torno de 1°C mataria mais 300 mil pessoas por ano. As temperaturas globais já aumentaram quatro vezes mais que isso. Uma estimativa grosseira é que, na segunda metade deste século, entre 5 e 6 milhões de pessoas a mais que a média registrada no final do século XX morreram anualmente por conta dos efeitos diretos do calor. O número de vítimas está aumentando; em 2100, provavelmente será vários milhões maior e continuará subindo.

A desnutrição foi outra grande assassina. No início deste século, pelo menos 3 milhões de crianças morreram de desnutrição a cada ano. Muitas mais eram vulneráveis até mesmo a uma ligeira queda na produção de alimentos. O aquecimento global piorou a desnutrição de vários modos, sendo alguns imprevisíveis. À medida que o século avançou, temperaturas extremamente quentes e chuvas torrenciais se tornaram mais comuns, secando algumas áreas agrícolas e inundando outras. Quando os sistemas de transporte começaram a falhar, em meados do século, tornou-se cada vez mais difícil transportar as safras dos campos para o mercado. Em muitas áreas, as pragas proliferaram com o aumento das temperaturas. Com o calor excessivo, as pessoas não podiam trabalhar nos campos durante a maior parte do dia, o que reduziu a produção de alimentos. Estimo que, hoje, entre 15 e 20 milhões de pessoas anualmente sofram de má nutrição.

Permita-me agora retornar às doenças. O Painel Intergovernamental sobre Mudanças Climáticas, a Organização Mundial da Saúde e outras entidades tentaram projetar o efeito do aquecimento global sobre as enfermidades, mas foi difícil, pois havia muitas incógnitas. Veja o exemplo da malária. Na década de 2010, mais de 200 milhões de pessoas contraíram malária anualmente e quase 500 mil morreram da doença, 90% delas na África. Na época projetou-se que a população em risco de contrair malária – mesmo sem o aquecimento global – dobraria até 2100. Com o aquecimento global, o número de mortos aumentou significativamente. A faixa de temperatura na qual os mosquitos que transmitem a doença se reproduzem melhor é pequena. Se for um pouco mais fria, eles morrem ou seu crescimento é atrofiado; um pouco mais quente, eles vicejam. Mas, quando a temperatura sobe acima da faixa, eles não podem se reproduzir e desaparecem. O senhor pode ter pensado que uma coisa compensaria a outra, mas havia um fator adicional: à medida que a temperatura aumentava, áreas que antes eram frias demais para os mosquitos deixaram de sê-lo. E, como os habitantes dessas áreas não eram resistentes à doença, ficaram mais vulneráveis. Portanto o aquecimento global provocou muito mais mortes por malária do que fora previsto.

Os carrapatos são outro tipo de inseto letal altamente sensível à temperatura. O ciclo de vida do carrapato é complicado, mas olhando em retrospecto podemos ver o que aconteceu. Primeiramente, vale lembrar como o carrapato é pestilento. Existem várias espécies que, coletivamente, transmitem a doença de

Lyme, a tularemia, a febre maculosa das montanhas Rochosas, a febre do carrapato do Colorado e muitas outras enfermidades. À medida que as temperaturas aumentam, tal como acontece com a malária, os carrapatos transmissores de doenças se espalham para áreas que antes eram frias demais para eles. Hoje infestam antigas províncias canadenses onde não existiam antes e estão se movendo cada vez mais para o norte. Embora tenham desaparecido em áreas mais ao sul, houve um aumento geral no número de carrapatos e infecções.

Direta e indiretamente, é óbvio, as guerras são um problema de saúde. Custam centenas de milhões de vidas; já a Guerra Indo-Paquistanesa tornou inabitáveis vastas áreas. Uma ameaça relacionada à guerra que a Médicos Sem Fronteiras não previu totalmente foi a piora na saúde de milhões de refugiados do clima, que muitas vezes acabaram sem saneamento, comida, água ou serviços médicos. Nossos estudos não previram que governos fascistas concentrariam milhões de deportados em campos imundos e letais. Nem consideraram os efeitos das inundações mundiais sobre doenças como disenteria, cólera, febre amarela e tifo. Nem que regiões já secas, como o Sudoeste americano, o Sahel (situado entre o Saara e a savana do Sudão) e partes da China, por exemplo, ficariam tão secas que a terra começaria a ser levada pelo vento, desnudando terras agricultáveis, trazendo a fome e, para quem vivesse em áreas a sotavento, provocando problemas respiratórios fatais. Nem que o envenenamento por radiação da Guerra Indo-Paquistanesa propagaria, durante décadas, a morte em todo o Punjab. Tampouco previram o aumento do índice de mortalidade entre idosos, principalmente nos países fascistas, alguns dos quais passaram a praticar a eutanásia de anciãos. Agora o senhor sabe por que nossas estimativas sobre a mortalidade e os problemas de saúde futuros, feitas no início do século, foram tão baixas.

Organizações como a MSF e a Cruz Vermelha dependiam das doações de pessoas altruístas. Ainda restam muitas, mas poucas têm meios para fazer doações até para as entidades mais meritórias. A maioria precisa de tudo que tem para sustentar as próprias famílias. A combinação de recursos reduzidos e crise crescente na saúde acabará decretando o fim da Médicos Sem Fronteiras e da Cruz Vermelha antes do final do século.

Isso pode ter parecido uma árida recitação de números. Se assim foi, não consegui transmitir o impacto da maior crise de saúde da história da humanidade. Lembre-se de que estamos falando da vida de incontáveis seres humanos. Não de números, mas de homens, mulheres e especialmente crianças. Deixe-me dar um exemplo que ocorreu quando eu estava trabalhando em um hospital da MSF em Morelos, México, durante a década de 2040 – um exemplo que nunca esquecerei. Uma menina de 10 anos foi trazida por indivíduos que a encontraram abandonada à beira de uma estrada por volta do meio-dia em um dos dias mais quentes de julho. Eles não sabiam o nome dela, mas acreditavam que havia sido deportada dos Estados Unidos. A menina apresentava graves sintomas de malária. Assim que comecei a examiná-la, ela morreu diante de mim. Minha tarefa, então, foi preencher seu atestado de óbito e a causa da morte. Além da malária, ela estava gravemente desidratada e desnutrida, quase à beira da fome, e com febre alta. Tinha o corpo coberto de picadas infectadas de carrapatos e mosquitos e as pernas cobertas de excremento aquoso resultante de disenteria. O que eu deveria escolher como causa da morte? Lembro-me de rabiscar algo e passar para a próxima paciente, pensando comigo mesmo que sabia a verdadeira causa de sua morte: a indiferença criminosa das pessoas que poderiam ter feito algo para evitar o aquecimento global, salvando assim a menina e inúmeras outras pessoas, mas que nada fizeram.

MORTE COM DIGNIDADE

Hoje estou conversando com a Dra. Margaret Sandlin, ex-diretora executiva da Morte com Dignidade, organização sem fins lucrativos com sede no Oregon e fundada na década de 1990.

Dra. Sandlin, fale-me sobre a origem da Morte com Dignidade e de como a organização evoluiu ao longo deste século.

Começamos no Oregon porque este foi o primeiro estado e um dos primeiros lugares do mundo a aprovar uma legislação legalizando ajuda médica a pessoas que desejam morrer. Acreditávamos, assim como Victor Hugo, que "não há nada no mundo tão poderoso quanto uma ideia cuja hora chegou". Acreditávamos, como ainda acreditamos, que quando a vida se torna insuportável as pessoas devem ter direito a assistência médica legal para pôr fim a sua vida. É claro que a ideia não foi nossa, mas estamos entre os primeiros a defendê-la e a querer transformá-la em política pública.

Dizer que a morte assistida foi uma ideia controversa seria um eufemismo colossal. No início do século, o procurador-geral John Ashcroft chegou ao ponto de usar agentes federais para processar médicos que ajudassem pacientes terminais a morrer. Isso acabou sendo algo bom para nós, pois levou o assunto à Corte Suprema, que, por seis votos a três, decidiu que Ashcroft extrapolara sua autoridade. Em seguida, levamos nossa causa a outros estados e, em 2020, além do Oregon, Califórnia, Vermont e Washington passaram a permitir a morte assistida.

Devo enfatizar que, desde o início, defendemos a ideia de que apenas pacientes diagnosticados com alguma doença terminal deveriam poder pôr termo a sua vida – e somente com a assistência de um médico. É claro, isso dependia das definições das palavras "terminal" e "doença", que estavam prestes a mudar.

Ao longo das décadas de 2020 e 2030 obtivemos sucesso em um estado após outro e nossa organização cresceu. No ano de 2040, nossa equipe e profissionais da saúde nos estados do Sul começaram a atender pacientes que não apresentavam nosso perfil típico. Vinham por conta própria, geralmente com uma carta de algum psicólogo.

Mas permita-me apresentar algumas informações importantes, sobretudo para os leitores jovens demais para terem vivido esse período.

Os estudiosos já sabiam havia muito tempo que a taxa de suicídios – estou me referindo aos suicídios sem assistência médica – estava relacionada diretamente à temperatura. Em meados da década de 2040, nas partes mais ao sul do país, as ondas de calor no verão começaram a se prolongar e a atingir temperaturas mais altas, o que impôs um estresse adicional a idosos e enfermos, principalmente os que viviam em asilos e sanatórios. Começamos a notar o fenômeno em Phoenix, no Arizona, onde a água estava se tornando escassa e não havia eletricidade suficiente para manter condicionadores de ar funcionando continuamente. A mortalidade por calor em Phoenix estava em ascensão, sobretudo entre idosos, cuja resistência a qualquer tipo de estresse é sempre menor. Após cada forte onda de calor, as agências funerárias de Phoenix tinham mais clientes do que podiam atender.

Em 2045, um médico de Phoenix visitou nosso consultório para defender a causa de uma de suas pacientes, uma senhora de 95 anos com saúde frágil. Ela não tinha nenhuma doença terminal diagnosticada, mas sofria horrivelmente durante as ondas de calor incessantes, quando uma pessoa acamada, como ela, não conseguia se sentir confortável. Por escrito, ele apresentou seu parecer clínico de que a paciente morreria de insolação na próxima onda de calor ou na seguinte. Em outras palavras, expressou sua opinião de que a idosa tinha uma condição que se revelaria terminal, mas ainda não fora prevista. Com a aprovação da família da senhora, ele se dispunha a apressar sua morte de modo a evitar sofrimentos desnecessários, mas precisava do amparo moral e, caso fosse necessário, do amparo jurídico e financeiro da Morte com Dignidade. Não fizemos promessas, mas ele agiu assim mesmo. Acabou sendo preso, foi condenado por negligência e perdeu sua licença médica. Após o debate mais longo e difícil da história de nossa organização, nosso conselho concordou em apresentar um recurso contra a condenação. Tratava-se, é claro, de uma ideia cuja hora chegara, como Hugo escreveu, pois nossa campanha para custear as despesas legais do médico arrecadou quase o dobro do que esperávamos.

O recurso chegou aos tribunais inferiores e, em 2050, estava prestes a chegar à Suprema Corte. Para nossa surpresa, a Associação Médica Americana apresentou uma petição em nosso nome. Quando nos reunimos com a AMA para traçar uma estratégia, soubemos que médicos do país inteiro enfrentavam o mesmo problema daquele profissional: o que fazer com pacientes idosos fadados a morrer de forma agonizante como resultado do aquecimento global. Idosos sem dinheiro, sem família e sem nenhum lugar para ir estavam presos em comunidades litorâneas condenadas e cidades sufocantes como Phoenix. Assim, vinham começando a se matar de formas terríveis – que não vou descrever –, quando não morriam de negligência ou fome, sozinhos e esquecidos. Os filhos adultos desejavam ajudar os pais idosos, mas muitas vezes não tinham espaço nem recursos para cuidar deles. Então, para encontrar uma saída decente para seus pais e mães, eles nos procuravam.

Processos judiciais que envolviam o aquecimento global provocado pelo ser humano já haviam chegado à Suprema Corte, que se convenceu de sua realidade e o incorporou às leis. Tarde demais, porém antes tarde do que nunca. A questão seguinte era o que fazer com as vítimas presentes e futuras do aquecimento global. Em rara votação unânime, a Suprema Corte anulou a condenação do médico de Phoenix, que foi reintegrado na profissão e voltou a clinicar. Um Estado após outro começou a revisar seus estatutos para redefinir o conceito de "doença terminal" nos padrões que ele propusera.

Nossa organização se encontrava na estranha posição de não querer ser muito bem-sucedida, mas, após a decisão da mais alta esfera judicial, recebemos tantos pedidos – vindos de todos os estados – que tivemos que expandir nossa área de atuação. O número de mortes assistidas aumentou drasticamente, mas o mesmo aconteceu com os suicídios autoinfligidos. Em 2020, os suicídios eram a décima causa de morte no país. Naquela época, cerca de uma pessoa em 10 mil se matava anualmente, totalizando aproximadamente 800 mil por ano em todo o mundo. Entre as idades de 15 e 29 anos, os suicídios eram a segunda principal causa de morte. Mais de três quartos ocorriam em países de baixa e média renda e, nesses casos, muitos optavam por um método horrível: ingestão de pesticidas.

Em 2060, os suicídios haviam se tornado a terceira principal causa de morte no mundo, com a insolação vindo em segundo lugar. Naquela época, não importava mais o que as pessoas pensavam antes a respeito do aquecimento global. O fenômeno estava acontecendo, era inegável e, a menos que alguém tivesse uma boa ideia para detê-lo, iria se tornar ainda pior. Indivíduos com bom nível educacional já entendiam como funcionavam os gasodutos de CO_2 e sabiam que ainda gerariam muito aquecimento no futuro. Compreendiam também que não haveria escapatória para eles e para seus descendentes sabe-se lá por quantas gerações.

A depressão sempre foi um problema clínico. E, quando se tornou endêmica, uma piada de mau gosto começou a circular: "Ser mentalmente são é estar deprimido." Quanto mais entendiam a realidade e a natureza eterna do aquecimento global, mais as pessoas tiravam a própria vida. Sempre há um componente de imitação em suicídios, infelizmente, e agora uma pessoa não precisava ir muito longe para encontrar alguém a quem imitar, tanto na própria família quanto entre amigos e vizinhos.

Tempos mais tarde, outro médico nos procurou com o caso de um homem de meia-idade fisicamente saudável, mas tão deprimido – poderíamos até falar em depressão terminal – que não conseguia ser funcional. Esse homem pediu ao médico que o ajudasse a acabar com a própria vida de forma digna e misericordiosa. Como muitos, ele não queria que seus filhos tivessem de lidar com seus restos mortais. Apoiamos o médico desde o início, assim como a Associação Médica Americana, a Associação Americana de Psiquiatria e outras organizações médicas, argumentando que a depressão já havia alcançado o estágio de pandemia, o que justificava a morte assistida por motivos clínicos e humanos. Dessa vez não houve objeção de nenhum órgão oficial e os médicos começaram a colocar a ideia em prática.

Qual é o estado da Morte com Dignidade hoje e qual é o seu futuro?

Eu me aposentei há dez anos e a deixei em boas mãos. Em breve a organização comemorará seu centésimo aniversário. A Morte com Dignidade se expandiu muito, além de qualquer coisa que nossos fundadores poderiam ter imaginado, e se tornou uma organização global. Pelos padrões que costumávamos usar para avaliar o sucesso nos negócios, você poderia dizer que fomos bem-sucedidos. É estranho desejar que não precisássemos ter sido. Como o senhor pode imaginar, nosso trabalho – lidar com famílias que se veem diante de uma das decisões mais difíceis que alguém pode tomar – é terrivelmente desgastante para a equipe. Nossos funcionários da linha de frente não conseguem realizá-lo durante muito tempo sem também entrar em depressão terminal. Costumávamos depender muito de voluntários, mas hoje em dia poucas pessoas parecem ter tempo para o voluntariado. Então, respondendo à sua pergunta, por mais que eu odeie dizer isto, não vejo como a Morte com Dignidade possa durar muito mais tempo. O problema que a entidade tenta amenizar tornou-se grande e debilitante demais.

PARTE 8
ESPÉCIES

O GAMBÁ-DE-RABO-ANELADO-VERDE

A Dra. Sandrine Landry é chefe da União Internacional para Conservação da Natureza, com sede em Gland, na Suíça, nas imediações de Genebra. As especialidades científicas da Dra. Landry são os recifes de coral e a ecologia da Austrália. Iniciei a entrevista com ela fazendo perguntas sobre o continente australiano; depois passamos para as extinções mundiais.

Dra. Landry, sabemos como o aquecimento global afetou a terra e o povo da Austrália. Qual tem sido o impacto do aquecimento global nos ecossistemas únicos da Austrália?

Deixe-me começar com a Grande Barreira de Coral, ao largo do estado de Queensland, no nordeste da Austrália. Durante o século XX, essa barreira foi a atração turística mais famosa do país e o maior recife do mundo, com mais de 2 mil quilômetros de extensão – uma área maior que a do Reino Unido e da Irlanda juntos. Era o recife mais preservado que existia e um patrimônio natural mundial. Mais de 1.500 espécies de peixes dependiam do recife, assim como seis das sete espécies de tartarugas marinhas ameaçadas de extinção. Hoje a Grande Barreira de Coral está branqueada e morta, como o esqueleto fantasmagórico de alguma monstruosa criatura marinha com os ossos limpos pelo aquecimento global.

Para explicar o que matou a Grande Barreira de Coral, preciso primeiro lembrar aos seus leitores algo que crianças em idade escolar costumavam saber quando ainda existiam recifes de coral. O coral colorido que vemos em fotos antigas é, na verdade, formado por duas criaturas diferentes. Os recifes são feitos de carbonato de cálcio branco secretado por bilhões de minúsculos pólipos. As lindas cores que as pessoas costumavam associar aos corais vinham de um segundo tipo de criatura: minúsculas plantas coloridas, ou algas, que viviam em simbiose com os pólipos. Ao redor do mundo, cerca de 4 mil espécies de peixes dependiam dessas algas.

O fato triste é que, quando a temperatura da água do mar sobe acima de 30°C, o coral expele as algas e volta à sua cor branca natural. Não tendo mais o que comer, peixes e todo o ecossistema dos corais morrem. Os corais sempre branqueavam durante episódios de água aquecida, mas até este século a água sempre voltava a esfriar, dando aos corais uma chance de se recuperarem.

No final do século XX, os recifes de coral já estavam em perigo. No aquecimento do El Niño de 1998, o mundo perdeu 16% de seus recifes de coral, inclusive partes da Grande Barreira de Coral. Depois veio o verão de 2002, quando a temperatura da superfície do mar, nos oceanos do sul, subiu 2°C acima do normal e se manteve nesse patamar durante dois meses, o que acarretou um extenso branqueamento. O verão de 2005 registrou as temperaturas mais altas do oceano desde o início das medições por satélite; uma vez mais, muitos recifes branquearam e morreram. Entre 2014 e 2017, três anos apenas, a cobertura de corais na região norte do recife caiu pela metade. Dois ciclones severos contribuíram para isso – mas só fizeram muitos estragos porque o coral já estava enfraquecido. Veja bem: esses eventos ocorreram antes que o aquecimento global de fato começasse.

Os australianos fizeram o possível para proteger o recife. Proibiram a pesca em algumas áreas, limparam as águas que desaguavam na costa de Queensland e acabaram com a pesca de arrasto no fundo do mar, praticada por embarcações japonesas e de outros países. Mas não conseguiram esfriar o oceano. Em 2050, 95% da Grande Barreira de Coral haviam morrido, levando consigo mais de mil espécies de peixes. O belo recife, que em outros tempos rendia à Austrália bem mais de 1 bilhão de dólares em turismo anualmente, agora não rendia mais nada.

Quanto à outra atração turística da Austrália, as famosas praias, ninguém mais as visita. Quase todas encolheram ou desapareceram e, em muitas delas, águas-vivas venenosas – e às vezes mortais – obstruem as águas próximas à costa e corpos de águas-vivas mortas se espalham pelas areias que restam. As águas-vivas são as baratas do mar – as últimas sobreviventes. Se quiséssemos criar uma fábrica de águas-vivas, não poderíamos ter feito melhor: pescamos seus predadores, como tubarões, atuns e peixes-espada; poluímos o oceano; reduzimos o conteúdo de oxigênio das águas próximas ao litoral; e aquecemos os mares. O resultado? Um crescimento exponencial de águas-vivas. Uma picada de água-viva não é apenas uma inconveniência temporária. Pode causar feridas dolorosas, que levam meses para cicatrizar. Pior, se a água-viva conhecida como *irukandji* picar alguém, essa pessoa sentirá fortes dores nos braços, pernas, costas e rins. Sua pele começará a arder, e a cabeça, a doer. A pessoa sente náuseas e vomita. Sua frequência cardíaca e sua pressão arterial disparam. Em alguns casos, a pessoa morre. Arriscar tudo isso por um dia na praia? Não, obrigada. Se você for a uma praia australiana hoje, em vez de pessoas encontrará os corpos de milhares ou dezenas de milhares de águas-vivas. O cheiro, por si só, já é suficiente para afastar qualquer um.

Próximo à Grande Barreira existe outra área considerada patrimônio mundial: a floresta pluvial de Queensland. Enquanto o recife se alastrava lateralmente no fundo do mar, a floresta pluvial crescia verticalmente nas íngremes encostas das montanhas costeiras do nordeste de Queensland, que se erguem desde o nível do mar até picos com mais de 1.500 metros de altitude. Um sortimento único de plantas evoluiu nesses picos, extraindo umidade diretamente das nuvens que os recobriam.

A floresta pluvial de Queensland já teve setecentas espécies de plantas, muitas delas não encontradas em nenhum outro lugar da Terra. Algumas em nada mudaram desde a época dos dinossauros. Porém, à medida que as temperaturas aumentavam, a camada de nuvens da qual dependiam as árvores, os sapos, as cobras e até mesmo os micróbios do solo se elevava, ficando fora de alcance e, finalmente, se dissipando em função do calor. Mais de três quartos das espécies de pássaros da floresta foram extintos. Criaturas como o pássaro-jardineiro-dourado, o casuar, a ave-do-paraíso-de-Vitória, a pomba *wompoo*, o estorninho lustroso, a galinha-de-pé-alaranjado, o martim-pescador-do-paraíso, o gambá-de-rabo-anelado-verde, o gambá listrado, o canguru arborícola, o canguru-rato-almiscarado, o gambá-cauda-de-escova, o canguru-rato-do-norte e os seis gambás-planadores – o gambá-planador-mogno, o gambá-planador-esquilo, o gambá-planador maior, o gambá-planador-cauda-de-pena, o gambá-planador-açúcar e o gambá-planador-barriga-amarela –, todos esses e muitos outros animais desapareceram para sempre dos trópicos úmidos de Queensland e de nosso planeta.

Dra. Landry, a União Internacional para Conservação da Natureza (IUCN – International Union for Conservation of Nature) se dedica à conservação de espécies, mas neste século já ocorreu a maior extinção de espécies desde o final do período Cretáceo, há 65 milhões de anos. Perdoe-me por ser tão pessoal, mas, diante de perdas tão gigantescas, como a senhora mantém o equilíbrio e a motivação?

Como o senhor sabe, minha antecessora descobriu que essa era uma pergunta tão difícil de responder que tirou a própria vida.

Os poucos de nós que restam no trabalho de conservação hoje entendem que estamos trabalhando muito além da triagem – que o melhor que podemos fazer é salvar uma pequena amostra da diversidade de vida que um dia existiu. E o único modo de fazer isso é preservando espécies em zoológicos. O que nos leva a continuar? Suponho que seja o conhecimento de que, se não tentarmos salvar as poucas espécies que pudermos, quem o fará? Mas por que salvar espécies, as pessoas me perguntam, se já não há esperanças? É como perguntar a uma pessoa religiosa por que ela tem fé. São coisas que vêm de dentro. Você não pode realmente explicar sua fé a outra pessoa – é uma coisa em que você acredita e, assim, tem de agir em conformidade com ela.

Recapitule para meus leitores o estado geral da extinção de espécies durante este século de aquecimento global.

Primeiro falarei de maneira geral e depois darei alguns exemplos das dezenas de milhares de extinções do século XXI. Começarei com os pássaros. Cada espécie de pássaro tem seu habitat – uma combinação particular de temperatura, regime de chuvas, vegetação e população de insetos, entre outras coisas –, no qual se desenvolve. Quando habitats de terras baixas ficam quentes demais, algumas espécies de plantas podem se deslocar morro acima, para encostas mais altas que antes eram mais frias – se tais encostas existirem –, e os pássaros podem acompanhá-las. Mas tal estratégia acaba sendo vítima da geometria: quanto mais uma espécie sobe uma montanha, menor é a área existente. Pense em um cone vulcânico. A redução do habitat aglomera inevitavelmente espécies e indivíduos, o que, por si só, já causa extinções. Mas, à medida que a temperatura continua aumentando, os habitats simplesmente migram em direção ao topo das montanhas e, por fim, desaparecem, levando junto as espécies dependentes.

Foi o que ocorreu não só na floresta tropical de Queensland como também em regiões montanhosas e ilhas ao redor do mundo.

É fácil supor que os pássaros, sendo capazes de voar, poderiam facilmente acompanhar seu habitat à medida que este muda. Caso esquentasse muito em determinado lugar, uma espécie poderia simplesmente se deslocar para um lugar mais fresco. O problema é que 80% de todas as aves são sedentárias – muitas vezes voam mal e preferem viver no solo ou no mato a viver no topo das árvores. À medida que as temperaturas aumentavam, os habitats migraram e as aves não tiveram como acompanhá-los. Numerosas espécies de pássaros já foram extintas e muitas mais estão à beira da extinção. Dos muitos milhares de espécies de pássaros existentes na virada do século, estimamos que metade esteja extinta hoje. Isso estava previsto. Um estudo científico publicado em 2019 descobriu que um quarto das aves da América do Norte – o que inclui 3 bilhões de adultos reprodutores – desapareceu por impactos causados pela ação humana nos cinquenta anos precedentes. A espécie pardal-de-garganta-branca, amada por todos os observadores de pássaros e presença comum em quintais, perdeu 93 milhões de indivíduos. Lembre-se de que isso ocorreu em apenas um continente – a América do Norte – e que grande parte da perda aconteceu antes de o aquecimento global de fato começar. Algum negacionista notou o holocausto aviário e concluiu que poderia estar relacionado ao aquecimento global? Não, essas pessoas estavam preparadas para sacrificar o futuro de seus netos por conta de uma ideologia – e que importância têm os pássaros, afinal de contas?

Tremo ao imaginar como restarão poucos pássaros no mundo no final deste século de morte. Um autor do século XX escreveu sobre uma primavera silenciosa. Podemos estar diante de um futuro em que florestas, encostas de montanhas, pântanos, savanas e outros habitats de pássaros estarão silenciosos não só na primavera como também em todas as estações do ano e por toda a eternidade.

Dezenas de milhares de outras espécies animais, grandes e pequenas, também foram extintas. Ninguém jamais saberá quantas. Estima-se que os incêndios devastadores na Austrália, ocorridos no final de 2019, tenham matado 1 bilhão de animais, entre coalas, cangurus e muitas outras espécies que não existem em nenhum outro lugar. Mas esse fato terrível penetrou nos corações empedernidos dos negacionistas australianos do governo e da mídia? Não. Tudo que fizeram foi tentar encontrar um culpado pelos incêndios.

Quando o aquecimento global começou a se acelerar, no início do século XXI, o urso-polar tornou-se a espécie ameaçada icônica. Agora já desapareceu da natureza: o último foi visto em 2031. Doze espécies de pinguins também foram extintas: o pinguim-das-galápagos, o pinguim-imperador, os pinguins-saltadores-de-rochas, do norte e do sul, o pinguim-de-fiordland, o pinguim-das-snares, o pinguim-de-crista-ereta, o pinguim-macaroni, o pinguim-real, o pinguim-de-nadadeiras-brancas, o pinguim-de-olho-amarelo, o pinguim africano e o pinguim-de-humboldt. Os leitores podem achar tediosa essa enumeração de espécies, mas, quando falo seus nomes, falo por elas, para evitar que desapareçam da memória humana. Assim como Maya Lin, que projetou o antigo Memorial dos Veteranos do Vietnã em Washington, D.C. – com o nome de cada guerreiro tombado esculpido em pedra –, quero gravar na história os nomes dessas espécies que não existem mais.

Tendemos a nos concentrar na perda de espécies maiores e mais conhecidas, como o gorila-das-montanhas e o orangotango – ambos já extintos na natureza não só pelos efeitos do aquecimento global, é bom que se diga, mas também pela caça furtiva desenfreada e pela negligência dos governos.

No extremo oposto da escala de tamanho, a pequena lebre-

-assobiadora – bichinho que vivia no alto de montanhas e que era o favorito de quem visitava as Rochosas – também deixou de existir. Seus habitats subiram a encosta e desapareceram ou se moveram para o norte, e o pequeno animal não conseguiu acompanhá-los. Durante sua vida inteira, uma lebre-assobiadora não se deslocava mais que 1 quilômetro, mas, para sobreviver ao aquecimento global, teria de percorrer uma distância muito maior – o que deixou a sobrevivência fora de seu alcance. Falo em nome da lebre-assobiadora e lamento sua perda.

O magnífico tigre-de-bengala foi visto pela última vez no manguezal de Sundarbans, ao sul de Bangladesh, em 2038. Mas quem registra a perda de espécies menos conhecidas de Sundarbans, como o crocodilo marinho, a tartaruga fluvial, o golfinho-do-ganges, a cobra-d'água-cara-de-cão e a lagartixa-rato? Além disso, para cada espécie extinta que conhecíamos, a lógica indica que inúmeras outras, que nunca descobrimos, também tenham sido extintas.

O maior percentual de extinções pode ter ocorrido longe de nossos olhos, nos oceanos. Quanto mais dióxido de carbono a água do mar absorve, mais ácida se torna, dissolvendo as conchas de carbonato de cálcio de muitos organismos marinhos, inclusive os recifes de coral. Esse processo causou a extinção de muitas espécies de plâncton, estrelas-do-mar, ouriços, ostras e pólipos de coral, bem como espécies maiores, como a lula, que delas se alimentam. Ninguém faz ideia de quantas espécies se extinguiram por causa da acidez dos oceanos, mas o número deve ser astronômico.

Muitas espécies de peixes grandes consumidas pelos seres humanos também foram extintas. À medida que a competição por comida se tornava mais acirrada, os países começaram a desconsiderar os tratados que os impediam de pescar uma espécie até a extinção. Como exemplo, deixe-me citar as espécies extintas: baleia-franca-boreal, baleia-franca-austral, baleia-da-groenlândia, baleia-azul, baleia-comum, baleia-sei, jubarte e cachalote. Entre os outros cetáceos estão vaquita, baiji, golfinho-do-indo, boto, toninha, tucuxi, golfinho-de-hector, golfinho-corcunda-do-indo-pacífico e golfinho-corcunda-do-atlântico.

Eu poderia continuar citando espécies individuais extintas, mas isso ocuparia não só o restante do seu livro como também uma enciclopédia. Em vez disso direi apenas que o planeta perdeu não somente espécies individuais e ecossistemas, mas grupos inteiros de ecossistemas. Para uma aniquilação de tal envergadura, só uma palavra cabe: biocídio.

No início do século, os cientistas tentaram prever quantas espécies poderiam ser extintas. Observando aquelas já ameaçadas de extinção, imaginaram como o aquecimento global poderia afetá-las. Mas não previram que quase toda a Amazônia seria queimada, que as pastagens australianas e o Sahel retornariam à condição de desertos, que mil quilômetros do sistema Murray--Darling simplesmente secariam, que o delta do rio Colorado secaria, que vastas áreas de florestas seriam queimadas. Também não imaginaram que a falta de água provocaria guerras, muito menos uma guerra atômica que destruiu toda a vida em áreas do Punjab, extinguindo incontáveis espécies de animais.

A pior projeção do início do século era a de que o aquecimento global extinguiria um terço de todas as espécies. Claro, ninguém sabia então quantas espécies a Terra realmente tinha. Os cientistas relacionaram apenas cerca de 2 milhões; as estimativas do total variavam entre 5 e 30 milhões. A melhor estimativa da IUCN, hoje, é de que cerca de dois terços das espécies existentes no ano 2000 foram extintas. Se tomarmos o ponto médio da faixa de 5 a 30 milhões, teremos 17,5 milhões como a mais grosseira das estimativas. Dois terços disso correspondem a quase 12 milhões de espécies – não estou falando de indivíduos, mas de espécies. O número de indivíduos extintos é comparável ao das estrelas no céu.

A IUCN costumava manter uma Lista Vermelha de espécies particularmente ameaçadas, mas a considerou inútil. Em 2005, a Lista Vermelha continha 12.200 espécies ameaçadas de extinção e outras 6.300 coameaçadas de extinção, ou seja, cuja sobrevivência dependia da sobrevivência de outra espécie ameaçada de extinção. Estimamos que 95% da Lista Vermelha e das espécies dependentes foram extintas.

Mas, Dra. Landry, algum leitor pode questionar qual a verdadeira importância disso. Centenas de milhões de seres humanos também morreram e o mundo está repleto de refugiados do clima, milhões dos quais estão fadados a morrer prematuramente. A perda de uma única espécie não empalidece em comparação com a maior perda de vidas na história da humanidade? Deixe-me desafiar a senhora a defender uma espécie escolhida ao acaso: o que a extinção do gambá-de-rabo-anelado-verde, dos trópicos úmidos de Queensland, importa para nós, seres humanos? Em que isso nos afetou?

Eis uma pergunta que os conservacionistas fazem constantemente. É a nossa pergunta final e uma que cada um de nós deve responder por si mesmo. Darei então minha resposta, profundamente pessoal. Devemos preservar espécies e ecossistemas porque nos trazem benefícios práticos que não sabemos, de antemão, quais poderiam ser. Espécies raras têm nos fornecido medicamentos vitais, vacinas e similares. Uma estimativa, na virada do século, afirmava que as florestas tropicais proporcionavam 25% de nossos medicamentos. Mas os cientistas foram capazes de testar apenas 1% das espécies existentes nessas florestas. Quem sabe quantos medicamentos importantes não seriam descobertos? Mas agora ninguém jamais o fará, pois as espécies que poderiam supri-los foram extintas.

Até onde sabemos e sempre saberemos, o pequeno gambá que

você citou não ofereceu tais benefícios. Portanto sua pergunta é pertinente: para que servia o gambá-de-rabo-anelado-verde? Na minha opinião, existem duas respostas, e qualquer uma delas serve. Um indivíduo religioso acredita que Deus criou toda a vida na Terra, inclusive o gambá. Para ele, Deus zela até mesmo pelas menores criaturas e cada pessoa devota deve fazer o mesmo. Honrando Suas criaturas, nós honramos Deus. Que direito temos de destruir as criações de Deus e substituir Seu plano pelo nosso? Talvez Seu julgamento se baseie em quão bem servimos como administradores da Terra e de todas as Suas criaturas. Nesse caso, a humanidade está condenada ao fogo eterno do inferno, pois falhamos abissalmente. Talvez o que nos aguarda e o que aguarda nosso planeta seja o inferno, a terrível retaliação de Deus por nosso fracasso. É verdade que o plano de Deus deve ter incluído a extinção, pois a grande maioria das espécies que já existiram se extinguiu naturalmente. Misteriosos são os Seus caminhos. Mas o fato de a extinção natural existir não justifica que a raça humana assuma o cronograma de Deus e Suas prerrogativas. Pode-se imaginar o Deus do Antigo Testamento explodindo nos céus: "Quem vocês pensam que são?"

Poucos cientistas, porém, mesmo religiosos, acreditam em uma interpretação tão literal da Bíblia, como eu também não acredito. Entendemos que o gambá e todas as outras criaturas na Terra são o produto de milhões de anos de evolução. Alguns até acreditam, como eu, que, dado o número de eventos aleatórios que tiveram de ocorrer para produzir formas de vida avançadas, como o gambá e o *Homo sapiens*, é improvável que mamíferos, por exemplo, existam em qualquer outro lugar do universo. Aqueles que aceitam esse ponto de vista consideram a vida na Terra tão milagrosa e magnífica quanto os que acreditam que é uma criação de Deus. Não queremos ser responsáveis por extinguir espécies que estão em desenvolvimento há 4 bilhões de anos.

Pessoalmente, acredito que deve valer a pena preservar a vida – todas as formas de vida, inclusive o gambá-de-rabo-anelado--verde. Não acreditar nisso, para mim, é considerar a própria vida sem sentido. Sendo assim, posso muito bem não acreditar em nada, como muitos hoje já não acreditam. Mas se tivermos um sistema de crenças, seja ele qual for, a vida adquire importância. Não podemos selecionar determinada espécie e dizer que essa, em particular, não tem importância. Todas elas têm importância. Se o gambá-de-rabo-anelado-verde não é importante, então a vida não é importante, você e eu não somos importantes, e a Terra, o único planeta que possui vida inteligente, não é importante. Não posso aceitar uma filosofia dessas e continuar vivendo.

Dra. Landry, quando conversávamos antes da entrevista, a senhora me falou sobre um assunto que gostaria de abordar – algo que poderíamos chamar de um tipo diferente de extinção animal. Deixe-me lhe dar a chance de falar sobre isso agora.

Obrigada por lembrar. Vai parecer uma mudança de assunto e talvez seja, mas preciso tirar isso de dentro do meu peito. Quando penso no triste destino das espécies em extinção, lembro-me de outro grupo de animais pelos quais tenho um carinho especial e que também se tornaram vítimas do aquecimento global. Falo de nossos animais de estimação. Como não foi sobre esse tópico que você me pediu que falasse, fique à vontade para não incluí-lo nesta entrevista. Mas, sendo apaixonada por animais de estimação, alguém que já morou com gatos, cães e cavalos, esse assunto é tão doloroso para mim quanto qualquer um dos muitos assuntos dolorosos que aparecerão em seu livro. Parte meu coração falar sobre isso, mas é uma questão que deve ser abordada.

Vamos usar como caso clássico o destino dos animais de estimação em Nova Orleans durante um dos primeiros desastres relacionados ao clima: o furacão Katrina, em 2005. Uma pesquisa realizada no ano seguinte revelou que quase 50% das pessoas que optaram por não sair de Nova Orleans só o fizeram porque não suportavam a ideia de abandonar seus animais de estimação. Pense nisso. Nada expressa tão bem o vínculo que nós, humanos, formamos com os animais. Mesmo assim, a Sociedade para a Prevenção da Crueldade contra os Animais do estado da Louisiana calculou que mais de 100 mil animais de estimação foram deixados para trás e cerca de 70 mil morreram em toda a costa do golfo. Foi um presságio macabro do que estava por vir.

A Terra tem enfrentado inúmeros desastres climáticos na escala do Katrina, cada qual destruindo inúmeras vidas e propriedades humanas, mas principalmente animais de estimação. Assim como em Berlim ao término da Segunda Guerra Mundial, cães e gatos não são vistos na maioria das grandes cidades de hoje – apenas os ratos sobreviveram. Ter um animal de estimação virou coisa do passado. Os cães e gatos que restaram se tornaram selvagens e não sobreviverão por muito tempo.

Tenho uma visão que pode parecer estranha para uma velha careta, como os amigos me chamam. Isso decorre em parte do registro histórico da domesticação do cão, algo que, como cientista, conheço bem. Os indícios mais antigos que se conhecem sobre animais de estimação datam de 14.300 anos atrás, quando foram encontrados ossos humanos enterrados ao lado dos de um cachorro. Os únicos restos humanos encontrados nos famosos poços de piche de La Brea, na cidade de Los Angeles, datavam de cerca de 10 mil anos atrás. Eram de uma mulher enterrada junto de um cão, num sepultamento aparentemente cerimonial. Ter um animal de estimação é uma coisa, querer levá-lo com você para o além é outra bem diferente e sugere um vínculo entre humanos e animais que transcende a própria vida, que é eterno.

Na minha opinião, nossos primeiros ancestrais fizeram um

pacto implícito com os primeiros lobos que se tornaram mansos o suficiente para serem domesticados. Vejo a coisa como um pacto de benefício mútuo: "Se você sair do frio e se tornar amigo de nossa espécie, faremos o melhor possível para abrigar, alimentar e proteger sua espécie. Estamos nisso juntos." Dissemos o mesmo ao cavalo. Pense no que o cachorro e o cavalo fizeram por nós ao longo de nossa história. A humanidade quebrou deliberadamente esses antigos acordos e, se Deus existe, duvido que nos perdoe – e não deve mesmo perdoar.

# PARTE 9
UMA SAÍDA

OLHEM PARA A SUÉCIA I

Para encerrar este livro, entrevisto o Dr. Robert Stapledon e sua esposa, a Dra. Rosetta Stapledon, professores da Universidade de Toronto até a aposentadoria de ambos, no final da década de 2060. A especialidade acadêmica dele era a produção de energia; a dela, a história das tentativas fracassadas dos governos de limitar o aumento da temperatura global a 2°C por intermédio da Organização das Nações Unidas, do Acordo de Paris, do efêmero Novo Acordo Verde e de outras medidas semelhantes.

Robert e Rosetta, como vocês me procuraram, terão a última palavra nesta história do Aquecimento Global. Uma pergunta sempre pairou sobre cada entrevista que realizei, uma pergunta que também está sempre na ponta da língua de nossos filhos e netos. É mais ou menos assim: Vovô (no meu caso), se as pessoas sabiam que o aquecimento global seria ruim, por que não o interromperam?

Minha pergunta a vocês é se o processo poderia ter sido interrompido. Em que momento as nações ainda poderiam ao menos tentar limitar o aquecimento global? Houve um ponto sem retorno? Quando foi ultrapassado? Robert, por favor, comece por aí.

Robert: Como o senhor descobriu com muitos de seus interlocutores, tenho certeza, esta é uma boa oportunidade de dizer algo muito importante, finalizando de modo útil nossas carreiras e nossos trabalhos. Se parecermos ensaiados, é porque passamos muitos jantares em família, assim como reuniões na sala dos professores, conversando sobre as grandes questões que o senhor nos traz.

Uma das tentativas mundiais de responder a essas perguntas foi o Acordo de Paris sobre Mudanças Climáticas, sobre o qual Rosetta terá mais a dizer. Sua meta era limitar o aquecimento global a 1,5°C acima das temperaturas pré-industriais. Mas já no final da década de 2010 os cientistas concluíram que, independentemente do que fosse feito, o aumento da temperatura ultrapassaria esse nível por volta de 2040. Eles estavam certos, como sabemos. Naquele ano, a temperatura já fora acrescida e a oportunidade de atingir a meta havia passado. A meta seguinte foi um aumento de 2°C, que seria alcançável se – SE, em maiúsculas – as emissões atingissem o pico e começassem a cair em 2020. Se o trabalho não começasse então, cada ano subsequente de atraso tornaria mais difícil alcançar a meta e, em uma década ou mais, impossível. Portanto, quando estudiosos como eu olhamos em retrospecto, achamos que 2020 foi o ponto sem retorno.

Rosetta: O problema foi que – como ocorreu em cada um dos antigos pactos internacionais do clima, a começar pelo que saiu da ECO-92, no Rio de Janeiro – o Acordo de Paris não exigia que seus signatários fizessem nada em especial. Os países não precisavam definir metas específicas para a redução de emissões, apenas tentar superar as anteriores; e, se alguma nação deixasse de cumprir a sua, não haveria penalidade. Em outras palavras, como em todos os demais pactos internacionais, o Acordo de Paris foi totalmente voluntário.

Esse acordo foi aberto aos signatários em 2015 e entrou em vigor em 2020. O presidente Trump havia retirado os Estados Unidos do acordo, mas, por causa do atraso embutido, a saída não ocorreu até 2020. Mesmo antes disso, porém, sinais de perigo já haviam começado a aparecer.

Um relatório de 2017 mostrou que nenhum país importante

estava no caminho certo para cumprir as promessas de Paris. Em 2018, as emissões de carbono dos Estados Unidos aumentaram em mais de 3%, embora várias usinas de carvão tivessem sido fechadas. O fraco progresso do acordo nos Estados Unidos e em outros países revelou como os combustíveis fósseis estavam profundamente incorporados às economias das nações industrializadas e como seria difícil desalojá-los. Quando as economias melhoravam, as emissões de CO_2 aumentavam e vice-versa – um abraço mortal que precisaria ser desfeito, algo que as nações do mundo não tinham vontade de fazer.

Em 2023, os signatários de Paris realizaram um "inventário" dos progressos. Algumas pequenas nações tinham conseguido cumprir suas metas, mas os Estados Unidos, a China, a Índia e o Japão ficaram para trás. E essa lacuna coletiva superou os cortes feitos pelos outros países.

O verdadeiro problema era que o Acordo de Paris só iria até 2030. O pressuposto era que, depois que as nações tivessem cumprido voluntariamente o primeiro conjunto de metas, seu sucesso as encorajaria a reduzir ainda mais as emissões após 2030. Hoje sabemos que as promessas iniciais não foram cumpridas e que uma das últimas chances da humanidade de conter o aquecimento global foi perdida.

Havia outro problema que as pessoas muitas vezes não consideravam na época. Como exemplo, vou citar a Índia, cuja população em 2020 atingiu 1,4 bilhão de pessoas. Seu povo, é claro, queria ter as mesmas vantagens que os países desenvolvidos, que usaram combustíveis fósseis para tirar seus povos da pobreza e lhes proporcionar eletricidade, refrigeração, automóveis, hospitais, moradias e assim por diante. Os indianos não teriam tanto direito moral a esses benefícios quanto os americanos ou australianos? Deveriam desistir deles, sacrificando-se por países que, para começo de conversa, haviam criado o problema do aquecimento global?

Independentemente do que qualquer pessoa pensasse sobre essas questões, eram os líderes da Índia que tomavam as decisões. E eles as tomaram, declarando em 2017: "Cerca de três quartos da energia da Índia provêm de usinas movidas a carvão e esse cenário não mudará significativamente ao longo das próximas décadas. Portanto, é importante que a Índia aumente sua produção doméstica de carvão." Sem uma guerra, como qualquer país ou grupo de países poderia impedir a Índia de construir usinas a carvão? Só mesmo mostrando aos indianos, se possível, que havia um meio melhor que o carvão de gerar eletricidade.

Robert: Em 2020, embora outras formas de gerar eletricidade – como o aproveitamento de ondas e marés, do hidrogênio e assim por diante – estivessem nas pranchetas, as fontes comprovadas de energia eram os três combustíveis fósseis: carvão, petróleo e gás natural, ao lado dos que podem ser considerados renováveis: energia hidrelétrica, eólica, solar, nuclear e geotérmica, além da produzida por biomassa. Era dessa última lista que a salvação teria de vir.

Os cientistas haviam demonstrado que se as emissões pudessem ser reduzidas pela metade a cada década, a partir da de 2020, e se melhores práticas agroflorestais pudessem sequestrar mais CO_2 da atmosfera, as emissões de combustíveis fósseis poderiam ser reduzidas a zero em 2050. Problema resolvido, humanidade salva. Assim, a questão imediata era saber quais tecnologias para o aproveitamento de combustíveis não fósseis, individual ou coletivamente, estariam prontas para funcionar e se poderiam ser incrementadas com rapidez suficiente para reduzir as emissões de CO_2 pela metade a partir da década de 2020.

Antes de responder a essa questão, preciso falar sobre o gás natural, que na década de 2010 passou a ser utilizado, principalmente, como alternativa ao carvão. O gás natural não era uma solução de longo prazo, pois também é um combustível fóssil – libera cerca de metade do CO_2 emitido pelo carvão. Portanto, trocar o carvão pelo gás natural apenas atrasa o aumento da temperatura global. Era como se um fumante tivesse passado a fumar um maço de cigarros por dia em vez de dois. Provavelmente ainda morreria de câncer de pulmão, só que demoraria mais.

A energia hidrelétrica é isenta de CO_2, mas tem suas desvantagens: destrói os ecossistemas dos rios, desloca moradores das áreas ocupadas pelas represas e é extremamente cara. Além disso, a longo prazo os reservatórios se enchem de sedimentos e param de gerar energia; as hidrelétricas são portanto, na melhor das hipóteses, uma solução temporária. De qualquer forma, os bons locais, em sua maioria, já haviam sido represados no início deste século. As hidrelétricas existentes podem ser consideradas apenas parte do esforço para zerar emissões de combustíveis fósseis. No Sudoeste americano, por exemplo, o aquecimento global reduziu tanto o fluxo do rio Colorado que em 2035 a Represa de Glen Canyon parou de gerar energia. A partir de 2030, o volume hídrico da Represa Hoover ficou muitas vezes abaixo do necessário, deixando os moradores de Las Vegas e Phoenix sem água e eletricidade suficientes. Portanto, a energia hidrelétrica já não era a panaceia que se pensava.

A energia geotérmica funcionava em países como a Islândia, que tinha um vulcanismo ativo, mas a maioria dos países não dispunha desse recurso. A queima de biomassa era útil, mas não podia ser ampliada o suficiente nem tão rapidamente quanto era necessário. Restavam três fontes naturais de energia que eram inesgotáveis ou quase: a eólica, a solar e a nuclear.

Rosetta: Meu nome de solteira, Malmquist, é uma pista para o que vou falar. Sou descendente de suecos, e a Suécia mostrou como se pode eliminar as emissões de combustíveis fósseis e até mesmo permitir que países como a Índia tenham a energia elétrica de que necessitam e que merecem. Em meus arquivos, tenho um laudo pericial escrito há 68 anos intitulado "Como descarbonizar? Olhem para a Suécia".

Nas décadas de 1960 e 1970, meu avô, Ingmar Malmquist, era engenheiro da Vattenfall, a concessionária sueca de energia. Em muitas reuniões de família nós o ouvimos falar de como a Suécia liderou o caminho da descarbonização energética e de como poucos a seguiram. Naquela época, a Suécia obtinha grande parte de sua eletricidade de hidrelétricas nas montanhas do norte. Era uma vantagem que muitos países montanhosos tinham, sobretudo aqueles cujos picos abrigavam geleiras, as quais funcionavam como reservatórios de água congelada. As preocupações com o aquecimento global causado pelo ser humano ainda não estavam no horizonte, nem mesmo para a maioria dos cientistas. Na década de 1960, a fim de gerar a energia adicional de que a Suécia necessitaria nos anos seguintes, a Vattenfall pretendia represar outros rios. Mas a década de 1960 já era uma época de crescente conscientização ambiental em todo o mundo. Como os conservacionistas suecos começaram a apontar as sérias desvantagens inerentes às hidrelétricas, a Vattenfall acabou desistindo de seus projetos para novas barragens. Os conservacionistas, por sua vez, concordaram em não se opor aos outros projetos energéticos da empresa.

Mas, tirando as hidrelétricas, o que poderia prover a eletricidade adicional de que a Suécia precisaria? As pessoas na época do meu avô queriam que o país reduzisse sua dependência do petróleo importado. Cabe lembrar que esses fatos se passaram no período da crise mundial do petróleo, iniciada em 1973. A Suécia poderia ter expandido sua mineração de carvão, mas fez uma escolha diferente, que teve o inesperado benefício de reduzir as emissões gerais de CO_2.

De 1960 a meados da década de 1970, as emissões suecas de CO_2 por pessoa aumentaram na mesma taxa que seu Produto Interno Bruto, revelando como ambos estavam relacionados. Mas em 1990 o PIB por pessoa dobrou, embora tanto as emissões de CO_2 quanto o CO_2 como porcentagem da produção total de energia tenham sido cortados quase pela metade. A Suécia rompeu assim o nó górdio que amarrava o progresso econômico ao consumo de combustível fóssil; em um período de 15 anos, fez o que o mundo precisaria ter feito da década de 2020 em diante. E isso sem ser pressionada pelo aquecimento global.

Mas, Rosetta, a Suécia teve de abrir mão de alguma coisa para alcançar esses resultados?

Não. Em 1975, o PIB *per capita* da Suécia era aproximadamente o mesmo que nos Estados Unidos. Nos quarenta anos que se seguiram, os índices cresceram na mesma proporção. Como o PIB *per capita* é um bom indicador da qualidade de vida, a Suécia obteve, nesses quarenta anos, a mesma melhoria nos padrões de vida que os Estados Unidos, só que reduzindo drasticamente as emissões de CO_2. Fez isso usando reatores nucleares.

A energia nuclear é livre de carbono, como a das hidrelétricas, mais barata que o petróleo e muito menos prejudicial à saúde que o carvão. Além disso, usa uma tecnologia difundida e tão concentrada que gera poucos resíduos. Em 1970 já era polêmica, mas ainda não se tornara um anátema para os ambientalistas.

A partir da década de 1970, a Suécia construiu 12 reatores nucleares comerciais em quatro regiões diferentes. Na década de 1980, o custo da eletricidade na Suécia era um dos mais baixos do mundo. Isso porque o custo de funcionamento de suas usinas nucleares era menor que o de qualquer outra fonte de energia já existente que não a hidrelétrica. O país aposentou então suas usinas de combustíveis fósseis e, ao longo do tempo, dobrou seu consumo de eletricidade, incluindo aí um aumento de cinco vezes no consumo destinado ao aquecimento. Tudo graças à energia nuclear.

Mas a Suécia é um país pequeno. A solução nuclear poderia funcionar para nações maiores?

Sim. A França, que também investiu pesadamente na energia nuclear na década de 1970, construindo 56 novos reatores em 15 anos, reduziu muito suas emissões de carbono e o custo de sua eletricidade. Outro exemplo é Ontário, onde moramos. Entre 1976 e 1993, Ontário construiu 16 novos reatores, permitindo que a energia nuclear fornecesse 60% da energia consumida na província e as hidrelétricas suprissem a maior parte do restante. Os combustíveis fósseis estavam em declínio.

Essas experiências demonstram que um aumento mundial da energia nuclear em um ritmo semelhante ao dos exemplos citados poderia substituir os combustíveis fósseis em cerca de 25 anos.

E o restante do mundo? Outros países também adotaram a energia nuclear?

No final da década de 2010, 31 países operavam 449 reatores nucleares de geração de energia e produziam cerca de 10% da eletricidade mundial. Do número total, 99 desses reatores estavam nos Estados Unidos, onde geravam 20% da eletricidade. Assim, embora para muitas organizações ambientais a energia nuclear estivesse fora de cogitação, na década de 2010 seu uso era generalizado, bem-sucedido e crescente. Apenas eram necessárias mais usinas nucleares.

Aumentar a energia nuclear nos padrões da Suécia e da França era algo que só poderia ser feito com rapidez suficiente em países que já possuíssem experiência em regulamentação e licenciamento nuclear. Quase todos os grandes emissores de carbono atendiam a esse requisito.

Robert e Rosetta, permitam-me resumir esta parte da entrevista antes de fazermos uma pausa. Vocês estão dizendo que vários países, até mesmo Canadá, França e Suécia, demonstraram que uma expansão da produção de energia nuclear poderia ter cortado as emissões de combustíveis fósseis entre 2020 e 2050, a fim de manter o aumento da temperatura global abaixo de 2°C e eliminar o uso de combustíveis fósseis. Mais de duas dezenas de países, inclusive Estados Unidos, China, Rússia e Índia, tinham a experiência e os controles necessários para fazer a mesma coisa. Ainda assim, não o fizeram. Devo dizer que é muito difícil ouvir isso. Certamente, para evitar o que em retrospectiva parece ter sido a única saída, as pessoas nas décadas de 2010 e 2020 devem ter tido um bom motivo para não recorrer à energia nuclear. Quando voltarmos, pedirei a vocês que expliquem esse motivo.

OLHEM PARA A SUÉCIA II

Robert e Rosetta, vou repetir o tema que encerrou a entrevista de ontem: se o mundo tivesse seguido o exemplo da Suécia, a produção de energia nuclear poderia ter sido acelerada o bastante para eliminar o consumo de combustíveis fósseis até 2050. Por que isso não foi feito?

Robert: A resposta é simples: porque as pessoas tinham medo de tudo que fosse nuclear. E mantiveram essa atitude, embora a prática real em mais de duas dezenas de países tenha demonstrado que as razões por trás do preconceito eram infundadas. Esse medo, somado à contínua negação do aquecimento global provocado pelo ser humano, atrasou a disseminação das usinas nucleares, que por isso começou tarde demais.

Vamos abordar as objeções à energia nuclear uma a uma. Lembre-se de que estou falando aqui sobre o que as pessoas sabiam, ou deveriam saber, por volta de 2020, quando os reatores nucleares já estavam em uso havia sessenta anos. Temos uma extensa biblioteca de relatórios e artigos desse período, aos quais me reportarei, quando for necessário, para demonstrar que o que estou dizendo não vem da memória defeituosa de um velho.

De longe, a objeção mais importante era a percepção – não o fato, como veremos, mas a percepção – de que a energia nuclear seria inerentemente insegura. De onde veio tal atitude? Desde o uso de bombas atômicas nas cidades de Hiroshima e Nagasaki, em 1945, e da corrida armamentista entre Estados Unidos e União Soviética durante a Guerra Fria, pessoas em todo o mundo passaram a temer, além dos efeitos diretos da explosão, a duradoura e perigosa radiação liberada em seguida. Alunos eram treinados nas escolas a se abaixar sob suas mesas, como se estas pudessem oferecer proteção no caso de uma guerra atômica. O medo da radiação nuclear estava enraizado nessas gerações. Acidentes em usinas nucleares, ocorridos aproximadamente a cada década, pareciam validar esses temores.

Um dos acidentes ocorreu em 1979 na usina de Three Mile Island (TMI), à beira do rio Susquehanna, na Pensilvânia, quando falhas mecânicas e humanas acarretaram a fusão parcial de um dos reatores. O acidente aconteceu 12 dias após a estreia de um filme chamado *A síndrome da China*, sobre um desastre nuclear, que reforçou os temores das pessoas. Mas, na verdade, a estrutura de contenção da TMI funcionou conforme as especificações e o acidente não teve efeitos imediatos sobre a saúde de ninguém. Houve muita preocupação com os efeitos a longo prazo da radiação liberada, mas os cientistas, mais tarde, encontraram poucos indícios de prejuízos à saúde. Os danos à percepção das pessoas, no entanto, foram duradouros.

Em 1986 houve o acidente em Chernobyl, na Ucrânia, que na época fazia parte da antiga União Soviética. Os soviéticos haviam projetado seus reatores para produzir, além de energia, plutônio para armas. Isso exigia o uso de grafite, para controlar as reações nucleares, e água, para evitar o superaquecimento do combustível – uma combinação insegura que outras nações evitavam, visto que ensejavam erros dos operadores. Ao contrário do reator de Three Mile Island, o de Chernobyl não tinha um vaso de contenção, o que teria sido ilegal nos Estados Unidos. Durante um teste com os sistemas de segurança desligados, o projeto ruim e erros do operador provocaram a liberação de uma grande quantidade de radiação. Sendo também uma fábrica de armamentos, a usina de Chernobyl era supostamente secreta. Assim, as autoridades soviéticas mentiram sobre o acidente e não distribuíram entre os moradores locais as pílulas de iodo que poderiam protegê-los. Um físico bielorrusso que trabalhava em Minsk, a cerca de 480 quilômetros de Chernobyl, só soube do acidente quando descobriu que detectores de radiação fora de seu laboratório registraram níveis mais altos que os internos. Entre os primeiros socorristas que acorreram a Chernobyl, dezenas morreram lutando contra incêndios resultantes do acidente e, mais tarde, por exposição à radiação. Calcular o número de mortes futuras por exposição à radiação em Chernobyl foi um trabalho polêmico. Mas em 2005 uma equipe com mais de cem cientistas estimou o número de mortos em 4 mil. No final da década de 2010, havia diversos livros e filmes sobre Chernobyl, que reforçavam o medo generalizado de tudo que era nuclear. No entanto, Chernobyl não foi uma inevitabilidade, mas o fruto de um projeto falho e de um sistema político defeituoso.

Então, em 2011, um grande terremoto no Japão provocou um *tsunami* de 15 metros de altura próximo à sua usina nuclear da cidade de Fukushima. A Agência de Segurança Nuclear e Industrial do Japão pedira à Tokyo Electric Power, operadora da usina, que se assegurasse de que seus reatores resistiriam a um *tsunami* previsível. Um paredão com 14 metros foi então construído ao redor dos três reatores na área de Onagawa, permitindo que eles se desligassem normalmente após um terremoto, sem que ninguém se ferisse ou morresse. Os reatores de Daiichi, situados mais longe do epicentro, foram protegidos por um paredão com apenas 6 metros de altura. Todos os geradores de reserva foram instalados atrás desse muro, medida que se revelou inútil, pois o *tsunami* derrubou o muro e inutilizou os geradores. Provocou também uma explosão de hidrogênio, que destruiu o vaso de contenção, liberando radiação na área circundante e no oceano próximo. As autoridades japonesas precisaram retirar mais de 150 mil moradores da área, ação que custou a vida de cinquenta pessoas.

Um estudo da antiga Organização Mundial da Saúde fez uma estimativa de quantas pessoas corriam risco de contrair câncer por conta da radiação em Fukushima. Para estimar os efeitos da radiação futura, o relatório usou o modelo "linear sem limiar", em que se presume que mesmo as menores quantidades de radiação são prejudiciais, inclusive as quantidades a que estamos normalmente expostos quando queimamos carvão ou vivemos em solos graníticos. A conclusão foi que o impacto na saúde pública seria pequeno. É claro que todas as vidas são preciosas, mas esse relatório deveria ter motivado as pessoas a escolher a fonte de energia que preservasse mais vidas.

Todos esses acidentes, somados a avanços na engenharia nuclear, geraram melhorias na segurança das usinas. Após o acidente de Chernobyl, por exemplo, os engenheiros desenvolveram os reatores "saia em segurança", de terceira geração, que se desligam automaticamente e evitam o derretimento do núcleo durante 72 horas ou mais.

De qualquer forma que se encare o assunto, a energia carbonífera é, comprovadamente, muito mais perigosa que a energia nuclear. Entre as décadas de 1960 e 2020, por exemplo, período em que as usinas atômicas foram aperfeiçoadas, dezenas de milhões de pessoas morreram ao inspirarem partículas cancerígenas provenientes da queima de carvão, ao passo que a energia nuclear custou, no máximo, alguns milhares de vidas. Olhando para a taxa de mortalidade por unidade de energia, a queima de carvão provocou cerca de trinta mortes por terawatt-hora, enquanto a energia nuclear causou 0,1 morte.

As pessoas que desejavam banir o uso da energia nuclear estavam, na verdade, optando por um assassino conhecido e mortal, o carvão, em vez de uma tecnologia que havia se mostrado muito mais segura e que, em vez de destruir o mundo, poderia salvá-lo. Mas vamos incluir nas equações o número de pessoas que morreram e morrerão em decorrência do aquecimento global. Para preservar as milhares de vidas que poderiam se perder nos acidentes com a energia nuclear – e o número real talvez seja muito menor –, centenas de milhões, talvez 1 bilhão, de vidas foram perdidas em consequência do aquecimento global. E a contagem ainda não terminou.

Além da questão da segurança, havia outras preocupações a respeito da energia nuclear?

Robert: Uma delas, que remontava às décadas da Guerra Fria, foi que o uso generalizado da energia nuclear levaria a uma proliferação de armas nucleares. Embora a Rússia, os Estados Unidos e várias outras nações já possuíssem coletivamente milhares de ogivas nucleares, a maior preocupação era que nações como o Irã pudessem adaptar reatores nucleares para a fabricação de armas nucleares. Não era uma preocupação infundada, mas, no final da década de 2010, sessenta anos de experiência demonstravam que programas de energia nuclear não levavam a armas nucleares.

Um dos motivos foi o sucesso da Agência Internacional de Energia Atômica (International Atomic Energy Agency – IAEA), órgão de vigilância estabelecido pela ONU em 1957 para promover o uso pacífico da energia nuclear e impedir seu uso em guerras. Uma história de sucesso ocorreu quando a AIEA esquadrinhou o Iraque de Saddam Hussein e não conseguiu encontrar provas de que o país estava desenvolvendo armas nucleares – porque não estava. É claro que a conclusão científica entrou em conflito com a ideologia política e, portanto, foi ignorada. E os Estados Unidos invadiram o Iraque ao custo de quase 2 trilhões de dólares. Pense nas coisas importantes que poderiam ter sido feitas com esse dinheiro!

Vamos voltar a 1967, quando cinco países já haviam detonado uma arma nuclear: Estados Unidos, União Soviética, Reino Unido, França e China. Estes foram os signatários do Tratado de Não Proliferação de Armas Nucleares original e se tornaram membros permanentes do Conselho de Segurança da ONU. Posteriormente, três países que não faziam parte do tratado também testaram uma arma nuclear: Índia, Coreia do Norte e Paquistão. Acredita-se que Israel possua armas nucleares, elevando o total para nove. Mas nenhum desses programas emergiu do uso de reatores nucleares. Os soviéticos tentaram fazer isso e conseguiram o acidente de Chernobyl.

Outra preocupação era que a energia nuclear era vista por muitos como pouco econômica e lenta demais para se desenvolver, em comparação com outras fontes de energia. Entretanto, um dos motivos pelos quais construir usinas nucleares tinha sido tão caro e demorado foi que, nos Estados Unidos e em alguns países europeus, a resistência de grupos antinucleares, somada aos litígios e atrasos resultantes, levou os projetos a excederem seus orçamentos e cronogramas. Mas os custos na Suécia, por exemplo, eram competitivos, se comparados a outras fontes de energia; e a Coreia do Sul e outros países não demoraram a construir reatores mais baratos. A Suécia decidiu construir seus reatores antes dos acidentes que analisei e, portanto, antes que importantes movimentos de protesto se desenvolvessem. Para se converter à energia nuclear, a Suécia levou cerca de quinze a vinte anos somente.

Um assunto que preocupava as pessoas, compreensivelmente, era como se livrar dos resíduos radioativos dos reatores nucleares. A preocupação se agravou nos Estados Unidos após a polêmica amplamente divulgada sobre o uso da montanha Yucca, em Nevada, como local de descarte. *A Bright Future* (Um futuro brilhante), um livro de 2019 que Rosetta e eu usamos como fonte de informações, destaca que, se toda a eletricidade usada por um americano médio durante toda a sua vida viesse do carvão naquela época, o resíduo sólido resultante pesaria 61,689 quilos. Mas, se a mesma quantidade de energia viesse da energia nuclear, os resíduos pesariam cerca de 0,9 quilo e, como dizem os autores, "caberiam em uma lata de refrigerante".

Na década de 2020, os reatores nucleares já existiam havia sessenta anos e quase quinhentos haviam sido construídos; mesmo assim, ocorreram poucos incidentes resultantes do descarte de resíduos e nenhum deles teve qualquer efeito sobre a saúde de alguém. Vários países já estavam desenvolvendo reatores de quarta geração, os quais consumiriam os próprios resíduos. Sim, o descarte era algo com que se preocupar, algo a ser monitorado cuidadosamente, mas não um motivo para abrir mão da energia nuclear.

Rosetta: No início deste século, as pessoas começaram a se concentrar mais nas "energias renováveis", principalmente na solar e na eólica, extremamente importantes, mas que em 2020 ainda estavam longe de produzir a quantidade de energia livre de carbono necessária para salvar a humanidade. Como o Sol brilha apenas parte do tempo e o vento nem sempre sopra, ambas as fontes tinham o problema da "intermitência", sem que houvesse meios de armazenar a energia até que fosse necessária.

Os alemães investiram pesadamente em energias renováveis, mas as usaram para substituir a nuclear, mantendo inalterada sua dependência de combustíveis fósseis e tornando o mundo pior, não melhor. O velho Green New Deal pretendia chegar a 100% de energias renováveis em apenas uma década, o que era inviável. Se nossos predecessores tivessem adotado a rota nuclear, quando se livrassem dos combustíveis fósseis – por volta de

2050, digamos – as tecnologias solar e eólica estariam muito mais avançadas e poderiam começar a substituir algumas das, então, envelhecidas usinas nucleares. O problema do armazenamento poderia ter sido resolvido. Se os países tivessem feito isso, é possível que tivessem se livrado da energia nuclear e alcançado 100% de energia renovável.

Existia também a crença de que a energia nuclear era tão controversa que expandi-la seria politicamente impossível. Mas, se havia uma coisa politicamente inviável, era uma ação contra o aquecimento global. Se a resistência a aceitar o aquecimento global pudesse ser superada, uma solução nuclear não só seria viável como também necessária. A crença de que a expansão da energia nuclear era politicamente impossível foi apenas uma profecia perigosa que se autorrealizou.

Outra forma de reduzir a dependência de combustíveis fósseis era taxar sua produção. Sei que a Suécia também fez algo parecido.

Rosetta: Sim, fez. A cobrança de impostos é uma forma de desencorajar práticas indesejáveis adotadas pelos governos. Economistas e cientistas do clima há muito defendem a taxação da produção de combustíveis fósseis na extração, não no consumo. Sem um imposto assim, seria a população, não as empresas, que teria de pagar pelos custos presentes e futuros dos combustíveis fósseis. Como alguém já disse, as empresas privatizam os lucros enquanto terceirizam os custos para o público, um bom negócio para elas e uma catástrofe para a humanidade.

Em 1991, quando os novos reatores estavam produzindo no auge e depois que suas emissões de carbono já haviam caído muito, a Suécia deu o passo seguinte e se tornou um dos primeiros países a adotar o imposto sobre o carbono. A taxa inicial era de 23 euros por tonelada de carbono produzida. Ao mesmo tempo que criava o imposto, a Suécia sabiamente cortou a maioria dos outros impostos sobre energia, incentivando as empresas a migrar para fontes com baixa emissão de carbono – sem que o governo ditasse quais seriam.

Outra coisa com a qual os economistas há muito concordam é que, independentemente de como o carbono fosse tributado ou precificado, os valores teriam de ser baixos no início e aumentados ao longo do tempo. Isso permitiria que as famílias e as empresas se adaptassem e sinalizaria que a produção de energia a partir de combustíveis fósseis era um jogo perdido. Em 2020, o imposto sueco aumentou para cerca de 110 euros por tonelada. A Califórnia adotou um método de negociação, mas fixou o preço inicial do carbono em apenas 15 dólares por tonelada, claramente baixo demais. Os ganhos com o imposto disponibilizaram recursos à Suécia para que o país compensasse os efeitos indesejáveis do próprio imposto e financiasse outras medidas relacionadas à preservação do meio ambiente.

Resumindo o que vocês dois me disseram: em 2020, os principais emissores poderiam ter aumentado a produção de energia nuclear, o que acabaria com o consumo de combustíveis fósseis por volta de 2050. No entanto, em virtude de preocupações infundadas a respeito da energia nuclear, essa medida não foi tomada até ser tarde demais. Recapitulem para meus leitores a triste história do que aconteceu.

Rosetta: Como você sabe, vários livros foram escritos sobre esse assunto, inclusive um de nossa autoria. Em vez de ditarmos mais um, vamos fazer um resumo. A década de 2020 foi decisiva e foi a última chance que a humanidade teve para obter o controle de seu futuro. Os Estados Unidos eram o país decisivo, não só por ser o segundo maior poluidor como por ser na época considerado o país líder.

Os signatários do Acordo de Paris construíram novos reatores nucleares e introduziram impostos sobre o carbono, mas só o fizeram no final da década de 2020, e quaisquer cortes nas emissões de carbono que tenham feito foram amplamente compensados pelo aumento nas emissões dos Estados Unidos, da China e da Índia. E não vamos nos esquecer do Japão, que escolheu cometer um *seppuku* coletivo construindo 25 novas usinas movidas a carvão na década de 2020. Esse foi o fruto amargo de uma reação exagerada ao acidente evitável de Fukushima.

O novo presidente americano do America First Party, ao assumir o cargo, levou os Estados Unidos de volta ao Acordo de Paris, mas esse foi apenas um gesto simbólico. Outros países concluíram que os esforços para conter o aquecimento global provavelmente fracassariam e, quando o acordo expirou em 2030, muitos transferiram as verbas destinadas à redução das emissões de carbono para tentativas de mitigar os efeitos do aquecimento global – como a construção de paredões altos e a evacuação de pessoas de áreas costeiras. As pessoas simplesmente não conseguiam entender que, se as calotas polares derretessem, nenhum paredão seria suficientemente alto.

Uma coisa curiosa, ou talvez trágica, que alguns estudiosos notaram é que, nas últimas duas décadas, as emissões globais de CO_2 oriundas de combustíveis fósseis caíram e, em algum momento do próximo século, chegarão a zero. Está em andamento um estranho tipo de trabalho regenerador em que a emissão de CO_2 acaba destruindo a infraestrutura necessária para emitir mais CO_2. Mas a enorme quantidade de dióxido de carbono depositada na atmosfera ao longo do século XXI permanecerá lá por milênios, absorvendo os raios de calor e aumentando as temperaturas na Terra.

Sei que Robert tem um último raciocínio, com o qual concordamos. Assim, vou deixar que ele termine nossa entrevista.

Robert: Uma coisa que se poderia ter feito durante a década de 2020, mas que não aconteceu, era ter forçado os governos a agir rapidamente para reduzir as emissões. Refiro-me aos protestos e greves em massa que marcaram lutas anteriores contra governos que não escutavam. Poderíamos começar com a Revolução Americana e passar para o sufrágio feminino, o Movimento de 4 de Maio na China, o movimento dos direitos civis, a luta contra o *apartheid*, os protestos contra a Guerra do Vietnã, os movimentos de maio de 1968 na França, o Solidariedade, a greve das mulheres islandesas em 1975, a queda do Muro de Berlim, a Primavera Árabe, o levante pela independência da Catalunha, a greve dos professores na Virgínia Ocidental e assim por diante. As pessoas estavam dispostas a protestar e lutar por uma série de razões, e frequentemente venciam. Por que, então, pessoas com netos cujo futuro estava em jogo, talvez como a própria civilização, não exigiram ações dos governos para reduzir as emissões de CO_2 e – ante a recusa dos governos – não saíram às ruas, colocando suas vidas em risco, para derrubar esses governos? Eram ovelhas ou seres humanos?

PALAVRA FINAL

Você chegou ao fim do livro e eu lhe agradeço a leitura. Permita-me agora externar algumas reflexões.

Uma pergunta foi recorrente ao longo de todo o texto: por que nossos predecessores, que não tinham como negar que o aquecimento global era uma realidade, era perigoso e era provocado pelos seres humanos, não o interromperam?

Quando comecei a me interessar pelos efeitos que o aquecimento global teria sobre a humanidade – numa época em que a internet ainda funcionava –, analisei vídeos dos discursos sobre o Estado da União feitos pelos presidentes americanos de 2000 a 2028. Analisei, ainda, uma amostra de cada um dos debates presidenciais durante esse período. Nos milhões de palavras faladas, o aquecimento global quase nunca foi mencionado. Não culpo totalmente os políticos, que não poderiam esperar uma vitória eleitoral com opiniões avançadas demais para o público. E qual era a opinião do público? Em 2007, uma pesquisa nos Estados Unidos mostrou que, entre 16 preocupações, "lidar com o aquecimento global" ficou em penúltimo lugar. Em 2019, continuava em penúltimo lugar.

Cientistas, mídia e escritores não conseguiram convencer a população de quão ruim o aquecimento global seria nem de que, em nossa escala de tempo humana, ele duraria por toda a eternidade. A pergunta que me atormenta, compreensivelmente, é a seguinte: se eu pudesse entrar em uma máquina do tempo a fim de voltar ao início da década de 2020 e colocar este livro nas mãos das pessoas, isso faria alguma diferença? Se não, o grande escritor de ficção científica Walter Miller acertou quando escreveu em *Um cântico para Leibowitz*: "Há algo errado conosco. Temos a capacidade intelectual para inventar os meios de nossa destruição, mas não a capacidade de raciocínio para nos impedir de usá-los."

SOBRE O AUTOR

James Lawrence Powell formou-se em geologia na Berea College. Obteve vários títulos acadêmicos, entre os quais o de PhD em geoquímica no Instituto de Tecnologia de Massachusetts (MIT) e o de Doutor em Ciências da Berea College e da Oberlin College. Ensinou geologia na Oberlin College por mais de vinte anos e foi presidente interino dessa instituição. Atuou também como presidente da Franklin & Marshall College, da Reed College, da Museu de Ciências do Franklin Institute, na Filadélfia, e como presidente e diretor do Museu de História Natural do Condado de Los Angeles. O presidente Reagan e, mais tarde, o presidente George H. W. Bush nomearam-no para o Conselho Nacional de Ciências, do qual foi membro por 12 anos. Em 2015 Powell foi eleito membro do Comitê para a Investigação Cética. O asteroide 1987 SH7 recebeu seu nome a título de homenagem.

CONHEÇA ALGUNS DESTAQUES DE NOSSO CATÁLOGO

- Brené Brown: *A coragem de ser imperfeito – Como aceitar a própria vulnerabilidade, vencer a vergonha e ousar ser quem você é* (600 mil livros vendidos) e *Mais forte do que nunca*

- T. Harv Eker: *Os segredos da mente milionária* (2 milhões de livros vendidos)

- Dale Carnegie: *Como fazer amigos e influenciar pessoas* (16 milhões de livros vendidos) e *Como evitar preocupações e começar a viver* (6 milhões de livros vendidos)

- Greg McKeown: *Essencialismo – A disciplinada busca por menos* (400 mil livros vendidos) e *Sem esforço – Torne mais fácil o que é mais importante*

- Haemin Sunim: *As coisas que você só vê quando desacelera* (450 mil livros vendidos) e *Amor pelas coisas imperfeitas*

- Ana Claudia Quintana Arantes: *A morte é um dia que vale a pena viver* (400 mil livros vendidos) e *Pra vida toda valer a pena viver*

- Ichiro Kishimi e Fumitake Koga: *A coragem de não agradar – Como a filosofia pode ajudar você a se libertar da opinião dos outros, superar suas limitações e se tornar a pessoa que deseja* (200 mil livros vendidos)

- Simon Sinek: *Comece pelo porquê* (200 mil livros vendidos) e *O jogo infinito*

- Robert B. Cialdini: *As armas da persuasão* (350 mil livros vendidos) e *Pré-suasão – A influência começa antes mesmo da primeira palavra*

- Eckhart Tolle: *O poder do agora* (1,2 milhão de livros vendidos) e *Um novo mundo* (240 mil livros vendidos)

- Edith Eva Eger: *A bailarina de Auschwitz* (600 mil livros vendidos)

- Cristina Núñez Pereira e Rafael R. Valcárcel: *Emocionário – Um guia prático e lúdico para lidar com as emoções* (de 4 a 11 anos) (800 mil livros vendidos)

sextante.com.br